Algebraisches Uebungsbuch

für

mittlere und obere Klassen höherer Unterrichtsanstalten
und zum Selbstunterrichte

von

Dr. Paul Wiecke,
Director der Kgl. höheren Gewerbeschule in Kassel.

Erste Reihe.

Zweite Auflage.

Berlin,
Druck und Verlag von G. Reimer.
1877.

Vorwort.

Die nachfolgende Beispielsammlung enthält das Material zu algebraischen Uebungen, welche Schüler von den Anfängen im algebraischen Rechnen bis zum Gebrauche von Logarithmentafeln und andererseits bis zur Auflösung quadratischer Gleichungen durchzumachen pflegen. Sie ist in der Absicht zusammengestellt dem Schüler selbst in die Hand gegeben zu werden — soll übrigens in einzelnen Lieferungen (Reihen) erscheinen, so daß jede derselben den ganzen Cyklus jener Uebungen umfaßt, die einzelnen Lieferungen sich nicht in der Art der Beispiele, sondern nur in den Individuen unterscheiden. Hiernach würde dasselbe Heftchen einen Schüler, der in keiner Klasse zurückbleibt, von Quarta bis Secunda begleiten, in aufeinander folgenden Jahrgängen dieselbe Klasse sich verschiedener Hefte zu bedienen haben.

Daß überhaupt dem Schüler eine Sammlung von Aufgaben in die Hand gegeben werde, scheint mir durchaus wünschenswerth.

Ich will zu bekannten Gründen noch den einen anführen, daß eine Wiederholung des Pensums in der praktischen Algebra eine übersichtliche Zusammenstellung gleichartiger Aufgaben erfordert. Und diese Wiederholungen können nicht genug empfohlen werden. So lange der Schüler die Regel einübt, kümmert er sich weder um den Verlauf der Rechnung noch um die Form des gewonnenen Resultates, und doch sind es gerade die in diesen Hinsichten aufzustellenden Gesichtspunkte, welche den Schüler nach Einübung der Regel veranlassen sollen dieselbe am rechten Orte auch ohne Anweisung des Lehrers anzuwenden. Dieses Nachdenken wird durch jene Repetitionen, die ganze Gruppen von Beispielen umfassen müssen und nur hier und da sich auf Details einlassen, namentlich wenn dabei nur im Kopfe gerechnet wird, ganz besonders gefördert und dürfte vorzüglich bei jüngeren Schülern für die oben genannten Zwecke unentbehrlich sein. —

Bei einer für den Schulgebrauch bestimmten Sammlung algebraischer Aufgaben ist hinsichtlich der Reichhaltigkeit meines Erachtens die Anforderung zu stellen, daß es einerseits nicht unumgänglich ist Jahr aus — Jahr ein in derselben Klasse die nämlichen Exempel rechnen zu lassen; daß andererseits der einzelne Schüler nicht wesentlich mehr Material in die Hände bekomme, als in der Schule durchgesprochen wird und ihm selbst geläufig werden soll. Das Zuviel muß — ganz abgesehen vom Kostenpunkte — das Interesse des Schülers am Inhalte des Buches nicht unerheblich schmälern. Die vorstehenden Rücksichten haben naturgemäß auf die Theilung der ganzen Sammlung in einzelne Hefte, deren erstes hier vorliegt, geführt.

Für den Gebrauch des Buches wird von vornherein Fertigkeit des Schülers im Operiren mit bestimmten Zahlen und zwar ganzen und gebrochenen, gemeinen und Dezimal-Brüchen vorausgesetzt. Die Reihenfolge und der Umfang der Uebungen ergiebt sich zum Theil aus dem Inhaltsverzeichniß, zum Theil wird es allerdings eines Blickes auf die die Gruppen schließenden Beispiele bedürfen. Jeder Uebung geht die Regel, meist auch in Formel gefaßt, vorauf, und es beginnt jene mit einer Reihe leichterer Aufgaben, die in der folgenden Suite in der einen oder anderen Gestalt auftreten, sowie auch die verschiedenen Fälle, in denen die Regel zur Anwendung kommt, aufweisen sollen. Da die Lösung dieser ersten Aufgaben leicht im Kopfe auszuführen ist, so sind deren Resultate im Anhange nicht aufgeführt. — Bei der vorstehend beschriebenen Einrichtung des Buches wird es möglich sein, dasselbe für die erste Stufe des arithmetischen Unterrichtes gleichzeitig als Lehrbuch zu verwenden.

Auf Mannichfaltigkeit der Beispiele in den einzelnen Abschnitten ist gebührend Rücksicht genommen, und ebenso ist für Zuverlässigkeit der Resultate nach Möglichkeit gesorgt. Möge die Arbeit bei meinen sachverständigen Collegen eine wohlwollende Aufnahme finden!

Hagen im Mai 1868.

Wiecke.

Vorwort zur zweiten Auflage.

Den die erste Auflage begleitenden Vorbemerkungen ist nichts weiter hinzuzufügen, als daß die zweite Auflage ein möglichst unveränderter Abdruck der ersten ist. Namentlich ist an den Aufgaben der ersten Auflage und an den Nummern, welche sie bisher geführt haben, keine Veränderung vorgenommen worden, als daß Nr. 540_b und die Gleichungen Nr. Nr. 284 u. 285 durch andere ersetzt sind, sowie daß die Zahl der bei den Wurzelrechnungen Nr. 495 u. flgd., Nr. 530 u. flgd. anzugebenden Stellen in bessere Uebereinstimmung mit den je unmittelbar voraufgehenden, allgemeinen Entwickelungen gebracht ist. Einige neuen Beispiele zu den in die Gruppe V pg. 12 aufgenommenen Formeln für $A^3 - B^3$ u. $A^3 + B^3$ sind durch besondere Zeichen (*) als solche kenntlich gemacht. — Die früher unrichtigen Angaben in den „Resultaten“ sind verbessert worden, nachdem behufs thunlichster Zuverlässigkeit derselben neuerdings sämmtliche Aufgaben nochmals waren durchgerechnet worden.

Kassel im Mai 1877.

Wiecke.

Inhaltsverzeichniß.

Erste Gruppe.

Die vier Grundoperationen mit irgend welchen allgemeinen Zahlen.

Zweite Gruppe.

Rechnungsoperationen mit allgemeinen Zahlen, deren Hauptgrößen Potenzen und Wurzeln sind.

Dritte Gruppe.

Gleichungen.

Erste Gruppe.

Die vier Grundoperationen mit irgend welchen allgemeinen Zahlen.

Erklärung: In dem Ausdrucke (+4ab) heißt ab die Hauptgröße, 4 der Coeffizient, + das Vorzeichen; (+4) wird der algebraische Coeffizient genannt.

I. Addiren.

1. Regel: Buchstabengrößen mit verschiedenen Hauptgrößen können durch Addition nicht zu einem Gliede vereinigt werden. Buchstabengrößen mit derselben Hauptgröße zu addiren, addire man ihre algebraischen Coeffizienten und behalte die Hauptgröße bei. Das Addiren der algebraischen Coeffizienten erfolgt nach einem der Schemata:

$$7+4\{\text{lies: } (+7)+(+4)\} = +11.$$
$$-7-4\{\text{lies: } (-7)+(-4)\} = -11.$$
$$7-4\{\text{lies: } (+7)+(-4)\} = +3.$$
$$-7+4\{\text{lies: } (-7)+(+4)\} = -3.$$

Gieb hiernach die Summe an von:

$7a+4a$; $-7b-4b$; $7xy-4xy$; $-7(r+z)+4(r+z)$; $-5c+9c$; $-3x-5y$; $+4zz-3zzz$; $11ab-5ab$; $-9mn-mn$; $-10sx+6sx$; $-9\frac{1}{4}r+5\frac{3}{4}r$; $-10\frac{2}{3}s-7\frac{1}{6}s$; $3\frac{1}{8}pq-9\frac{2}{3}pq$; $50\frac{1}{7}xx-30\frac{1}{9}xx$; $10{,}5a+11{,}4a$; $3{,}07bc+0{,}96bc$; $5{,}8x-3{,}2x$; $-0{,}57y+y$; $-34z-0{,}89z$; $-0{,}1y+0{,}034y$; $z-0{,}1z$; $5{,}34xm-7xm$; $-0{,}42rv+0{,}2794rv$; $-3{,}76n+11n$; $12\frac{3}{4}rs-15{,}6rs$.

2. Regel: Sind mehr als zwei Posten zu addiren, so addire man zunächst die mit dem Vorzeichen +, dann die mit dem Vorzeichen — versehenen und vereinige schließlich beide Summen, wie in der 1. Regel gelehrt.

Beispiele:

1. $23a + 14a + 26a + 18a + 33a.$
2. $12b + 16b + 43b + 42b.$
3. $-11xy - 19xy - xy - 27xy - 30xy.$
4. $-5\frac{1}{2}z - 2\frac{1}{3}z - 3\frac{1}{4}z - 4\frac{3}{8}z - 7\frac{5}{12}z.$
5. $15m + 18m + m - 7m - 10m - 14m.$
6. $23p - 16p - 9p + 35p + 11p - 36p - 43p + 18p.$
7. $14rs - rs - 9rs - 7rs + 12rs + 16rs - 21rs - 46rs.$
8. $-11\frac{1}{2}d + 12\frac{1}{3}d + 18\frac{1}{4}d - 20\frac{5}{6}d - 10\frac{3}{8}d + 17\frac{1}{2}d.$
9. $g - \frac{1}{2}g + \frac{1}{3}g - \frac{1}{4}g + \frac{1}{5}g - \frac{1}{6}g + \frac{1}{8}g - \frac{1}{12}g.$
10. $1{,}53y + 2{,}71y - 5y - 0{,}1y + 3{,}485y - 6{,}2y.$
11. $5{,}1nn - 0{,}783nn - 2{,}6nn + 4{,}72nn - nn - 0{,}1nn.$
12. $16t - 9{,}2t - 0{,}13t - 0{,}58t - t - 0{,}47t - 0{,}25t.$

Haben nicht alle Glieder, wohl aber einzelne Gruppen unter ihnen dieselbe Hauptgröße, so gewinnt die Summe eine übersichtlichere Gestalt, wenn man die Glieder jeder einzelnen Gruppe nach der 2. Regel zu einem Gliede vereinigt.

Beispiele:

13. $6a + 4b + 13b - 5a - 5b - 2a + 4a - 7b - 7a + b.$
14. $12\frac{1}{2}r - 13\frac{1}{4}s + 4\frac{1}{8}s + 6r - 5\frac{2}{3}r - 7\frac{1}{6}s - r - 1\frac{1}{2}s + 2\frac{5}{8}s.$
15. $10c - 11m + 5x - 4y - 4x - 12c + y + 13m + x - m + 7c - 2x.$
16. $14a + 15b + 18c + 30d - 6c - 9d + 16b - 7a - 4a - 10c - 29b - 11d - c + b - a + d.$
17. $4a - 3b + 5c - 7b - 6c + 9a - 11c + 5b - 8c + 6a - 9b.$
18. $4abc - 5ab + 3a - 7ab + 11abc - 6ab + 5(b - c) - 8abc + 17a + 23ab - 41abc - 9(b - c) + 13abc - 26abc.$
19. $8\frac{1}{3}x - 5\frac{1}{2}y + 4m - 2\frac{1}{9}x + 2\frac{4}{5}m - 6\frac{7}{8}y + 4\frac{1}{12}x + 3\frac{3}{4}y - 1\frac{1}{2}m + 2\frac{5}{6}x.$
20. $2\frac{1}{4}aa - 2\frac{1}{3}aaa + 4\frac{1}{6}a - 5\frac{1}{9}aaa - 2 - 5\frac{1}{12}a + 3 + 7\frac{2}{3}a - 5.$
21. $0{,}7z - 5{,}3y + 4{,}2r - 6{,}8y + 4{,}3y - 6{,}9r - 9{,}2z + 5{,}14r + 0{,}075z - 2{,}83r - 9{,}54z + 8{,}75y.$
22. $0{,}834m - 2{,}3p + x - 1{,}3m + 3{,}4p - 0{,}9m - 2x + 0{,}45m + 17v + 0{,}73x.$
23. $5{,}32xx - 9{,}7x + 2{,}4 + 2{,}58x - 0{,}9 - 3{,}1xx + 1{,}8 + 1{,}43x + 0{,}126xx - x - 1{,}51xx - 1{,}37 + 2{,}7x.$
24. $7{,}84aab - 3{,}2abb + 1{,}5aaab - 2{,}3aabb + 5{,}6abbb - 0{,}18aab + 5{,}32abb + 7{,}4aabb + 9{,}6aab - 2{,}6abb - 6{,}02aabb - 100aab.$

3. Regel. Sind die einzelnen Posten selbst wieder Summen, so darf man deren Glieder einzeln und in beliebiger Reihenfolge zu einander addiren in Formel:

$$A + (B + C) + (D - E) = A + B + C + D - E.$$

Danach verfahre man nach der 2. Regel!

25. $(7\frac{3}{4}a - 5\frac{2}{3}b + 6c - 7\frac{1}{8}d + 12x - 14y) + (5\frac{3}{8}d - 3\frac{1}{4}c - 7\frac{1}{3}b - 6\frac{1}{4}a - 12y - 10x) =$

$$\begin{array}{rrrrrr} 7\frac{3}{4}a & -5\frac{2}{3}b & +6c & -7\frac{1}{8}d & +12x & -14y \\ -6\frac{1}{4}a & -7\frac{1}{3}b & -3\frac{1}{4}c & +5\frac{3}{8}d & -10x & -12y. \end{array}$$

26.
$$\begin{array}{rrrr} 5r & -6x & -9z & +11v \\ 7r & -9x & -11z & +8v \\ 4r & -7x & -8z & +3v \\ 9r & -8x & -4z & +14v. \end{array}$$

27.
$$\begin{array}{rrrr} 26m & +10x & +14v & +36z \\ -12m & +15x & -3v & -20z \\ -5m & -12x & +10v & -6z \\ +18m & -7x & +4v & +11z. \end{array}$$

28.
$$\begin{array}{rrrr} 28a & +13m & +14p & +25x \\ -8a & +12m & -16p & +11x \\ -30a & -15m & & -28x \\ -10a & & +3p & -10x \\ +35a & -10m & -17p & +x. \end{array}$$

29.
$$\begin{array}{rrrr} 12m & -14p & +13x & -26y \\ -4m & +3p & & +y \\ +7m & & -x & -5y \\ -8m & & +2x & -y \\ -10m & -8p & -3x & +4y. \end{array}$$

30.
$$\begin{array}{rrr} 3{,}4x & -7{,}3y & +2{,}5z \\ +1{,}6x & +8{,}25y & -3{,}6z \\ -0{,}01x & -2{,}58y & +7{,}19z \\ +5{,}89x & -6{,}34y & -8{,}2z. \end{array}$$

31.
$$\begin{array}{rrrr} 5ab & -7\frac{1}{3}ac & +6{,}5bc & -0{,}8bcv \\ -7ab & & -11\ bc & \\ +3ab & -6\frac{5}{9}ac & & +1{,}6bcv \\ -5ab & +ac & -bc & -0{,}4bcv \\ & -1\frac{2}{3}ac & +13{,}8bc & -5\ bcv. \end{array}$$

32. $(17a - 11b + 13c - 18d + 23m - 36x) + (14a + 30d - 5c + 9b + 23x + 46m).$

33. $(5a - 9b + 3c - 8x) + (-10x - 6c - 4a + 3b) + (-4b + 5c + 7a) + (3b - 11a).$

34. $(51a - 7b + 4c + 5x) + (6b - 9c + 14a - 2x) + (3b - 12a - 11c - 4x) + (6a + 5x - 3c) + (-x - 9b + 16a).$

35. $(5aa - 7a + 6aaa + 11) + (-9a + 17 + 15aa - 13aaa) + (-15 - 9a + 8aaa) + (20aa - 36aaa + 1) + 37a - 46aa - 10.$

36. $(5\frac{2}{3}x - 4\frac{3}{4}y + 6\frac{1}{5}z) + (2\frac{1}{8}y - 3\frac{5}{6}x - 5\frac{1}{15}z) + (6x + 7\frac{7}{12}z - 5\frac{7}{12}y) + (-9z + 7\frac{1}{2}y - 8\frac{1}{3}x) + (2\frac{1}{6}x - 3y + 2\frac{5}{6}z).$

II. Subtrahiren.

4. Regel. Man gebe dem Subtrahendus das entgegengesetzte Vorzeichen und addire ihn zum Minuendus.

Berechne hiernach:

$7a-(+4a)$; $7a-(+11a)$; $7a-(-4a)$; $-7a-(+4a)$;
$-7a-(-4a)$; $-7a-(-11a)$; $12a-(+5b)$; $14x-(-3y)$;
$15z-(-3z)$; $r-(+4r)$; $-r-(+5r)$; $7aa-(+12aa)$;
$-5mq-(-3mq)$; $8\frac{1}{2}ab-(+5\frac{3}{4}ab)$; $5zz-(-2\frac{5}{8}zz)$;
$-7\frac{1}{3}xy-(-10xy)$; $-10\frac{5}{6}ss-(+2\frac{3}{4}ss)$; $17\frac{1}{4}rr-(+18\frac{3}{4}r)$;
$17\frac{1}{4}rr-(+18\frac{3}{4}rr)$; $-5xx-(-3\frac{17}{20}xx)$; $-5\frac{2}{3}v-(-5\frac{2}{3}v)$;
$1{,}37t-(+3{,}71t)$; $2{,}58y-(+0{,}693y)$; $5{,}1z-(-z)$;
$-9{,}1aa-(+2{,}34aa)$; $-0{,}57si-(-12{,}3si)$; $-12{,}6ac-(-0{,}73ac)$.

5. Regel. Ist der Subtrahendus eine Summe, so gebe man jedem Gliede desselben das entgegengesetzte Vorzeichen und addire ihn dann zum Minuendus, d. i. in Formel:

$$A-(B+C)=A-B-C,$$
$$A-(B-C)=A-B+C.$$

Beispiele:

37. $(7x-8y+9z+12a-13b+14c+5v)-(12z-5y+3x-4a$
$-17b-18c-15w)=$

$$7x-8y+9z+12a-13b+14c+5v$$
$$3x-5y+12z-4a-17b-18c \qquad -15w$$

38. $(10\frac{2}{3}k-11\frac{4}{5}v-12\frac{7}{8}m+17\frac{1}{6}x-2z)$
$-(-5\frac{1}{6}k-8\frac{7}{10}v-15\frac{3}{4}m+9\frac{2}{3}x+1\frac{4}{5}z-7t)$.

39. $(-0{,}89nnn+4{,}72nn-0{,}97n-0{,}8)$
$-(-1{,}3nnn-2{,}3nn-0{,}54n+1{,}2+a)$.

40. $(14p-17q+36r-45s+60t-40u+45v-17x)-(17s-30q$
$+20t-12r+17p+63v-13u-7x)$.

41. $(15a-36b+17c-48d+17m-86r+q)-(19m-12q-86r$
$-16c+10a-11s)$.

42. $(36a-7-12aa+15aaa-26aaaa-5b)-(37aa+10aaa+48a$
$-9-7c+14aaaa)$.

43. $(5pp-7pr-9rr+10pr-11pp+8rr-7p)-(8rr-11pp$
$+9pr-10pp-6rr-3pr-2rr+4r)$.

44. $(1\frac{1}{2}xy-3xx-7\frac{3}{4}xy+2\frac{1}{3}xx-7yy)-(5\frac{1}{4}xy+2\frac{1}{3}xx-3\frac{1}{4}yy$
$+2\frac{5}{6}xy-1\frac{1}{2}yy-7x)$.

45. $(5{,}3zzz - 2{,}1zz + 3{,}4z - 3{,}9zz + 2{,}1z + 6zz) - (8{,}12zz - 2{,}5z$
$- 6{,}9 + 7{,}2z + 11{,}3 - 5{,}6zz)$.

46. $(0{,}59ss - 7{,}1s + 5{,}3 + 2{,}84s - 7{,}64 - 0{,}59s) - (3{,}2s - 11 + 2{,}97s$
$+ 3{,}1 - 8{,}1s - 0{,}59ss + 4{,}78 - 4{,}2s)$.

I. u. II. Addiren und Subtrahiren.

Die Regeln 3. und 5. führen auf folgendes praktische Verfahren. —

6. Regel: Steht vor einer Klammer das Zeichen +, so lasse man jedem Gliede in der Klammer sein Vorzeichen; steht vor einer Klammer das Zeichen —, so gebe man jedem Gliede in dieser Klammer das entgegengesetzte Vorzeichen: lasse in beiden Fällen die Klammern fort und addire die einzelnen Glieder, d. i. in Formel:

$$A + (B - C) - (D - E) = A + B - C - D + E.$$

Beispiele:

47. $(5a - 12b) + (9b - 6a) - (3a + 5b) - (8a - 4b) + (-7a - 11b)$
$+ (6a - 3b) - (2a - 10b)$.

48. $(1\frac{2}{3}a - 2\frac{3}{4}b + 5\frac{1}{2}c) - (4a + 1\frac{7}{8}b - 2\frac{3}{5}v) - (1\frac{5}{6}a - 3\frac{5}{8}c + 6\frac{7}{10}v)$
$+ (-10\frac{1}{4}b + 3\frac{3}{4}c + \frac{1}{2}v)$.

49. $(0{,}7a - 5{,}4aa + 3{,}2aaa - 2{,}8) + (-2{,}6 + 0{,}1a - 5{,}6aaa) - (5{,}8$
$- aa + 2{,}4aaa) - (12a + 10{,}01aa - 16{,}35aaa)$.

50. $(36{,}5 - 18{,}3x + 12{,}5xx - xxx) - (1{,}4 - 14{,}2x + xx + 0{,}1xxx)$
$- (17{,}6x - 0{,}9xxx) + (-19{,}11 + 7{,}23x - 16{,}54xx)$.

Stehen mehre Klammern in einander, so fange man beim Auflösen der innersten an.

51. $7a - [9b + 3c - \{4a - 5b\} + 6a - \{3c - 8b\} - 4a + \{8c - 3b\}$
$- 6c + 3b] + 8b - 4c + 2a - [6a - 5b]$.

52. $60 - [5x - 7xx - \{12 + 13x - 16xx\} + 8 - 7x + 4xx - \{10x$
$+ 17xxx\} - 15 + \{9x - 11xxx\} - \{8 + 12x - 36xxx\}] + 4x - 17$
$- 36xxx$.

53. $5r - [6m - 4q - \{3q + 4m - 2r\} + 4m + \{3r - 4m\} - 2q - \{5m$
$- 4q\} + 4r] - 2q + r + [6m - \{8q + 2r\} + 4m + \{3q - 5m\}$
$- 4r] - 2q$.

54. $4{,}7x - [5{,}8 - \{12{,}3xx + 4{,}7xxx - (10 - 2{,}8x + 3{,}76xx) - 14x$
$+ 3{,}2 + (8{,}4xxx - 6{,}3xx) - 3{,}9 - 23x\} + 12{,}8x - 6{,}5xx] + 4{,}18$.

55. $4{,}8z + [3{,}7 - 2{,}5z - \{1{,}49zz + 2{,}3zzz - 5{,}3\} + 7zz + \{5zz - 2{,}8zzz + z\} - 3{,}7] - 2{,}5zz + 3{,}6z - [2{,}95 + 3{,}4zz - \{3{,}12z + 1{,}3\} - 6{,}7] + 3{,}51zzz.$

56. $2\tfrac{1}{3}m - [3\tfrac{1}{5}mm - \frac{2}{3} + \{1\tfrac{1}{4}m - 2\tfrac{1}{2}mm\} - 1\tfrac{5}{6}m - \{2\tfrac{3}{4}m + 1\tfrac{2}{3}mm\} - 3] + 4m + [\frac{5}{6} - \{2\tfrac{1}{4}mm - 3\tfrac{1}{3}m\} + 5m].$

III. Multiplizиren.

7. Regel. Man multiplizire die algebraischen Coeffizienten und die Hauptgrößen mit einander. Das Multiplizиren der algebraischen Coeffizienten erfolgt nach einem der Schemata:

$$(+7)(+4) = +28$$
$$(-7)(+4) = -28$$
$$(+7)(-4) = -28$$
$$(-7)(-4) = +28. -$$

Gieb hiernach die Produkte an:

$+7a \cdot -4b$; $-7r \cdot -4s$; $-9c \cdot +5c$; $+8ab \cdot -3ac$; $-4xy \cdot -16xy$; $+6ar \cdot -5br$; $-7st \cdot 0$ (Null); $+3bv \cdot -mv$; $-qv \cdot -5$; $-12tu \cdot +\frac{3}{4}$; $+11\tfrac{2}{3}ab \cdot -4\tfrac{1}{5}bc$; $-\frac{4a}{3} \cdot +3\tfrac{3}{4}aa$; $-\frac{5bbc}{7} \cdot -\frac{7bcc}{10}$; $-\frac{4}{5}mx \cdot -1$; $0{,}23x \cdot 5y$; $0{,}3z \cdot -0{,}5v$; $-1{,}4ab \cdot -0{,}3ad$; $4r \cdot -0{,}4r$; $-0{,}2mp \cdot -0{,}2mp$; $-0{,}06mr \cdot +26rt$; $+0{,}31aaa \cdot -200aa$;

$\frac{a}{b} \cdot \frac{c}{d}$; $\frac{5r}{9s} \cdot \frac{4m}{7v}$; $\frac{10mv}{7sr} \cdot \frac{3mv}{5sr}$; $\frac{12ab}{35cd} \cdot \frac{21ax}{16cy}$; $\frac{36pq}{5rs} \cdot \frac{10pq}{9rs}$; $\frac{4}{15vw} \cdot \frac{5}{12vx}$; $\frac{10ab}{3cm} \cdot \frac{7cb}{5am}$; $\frac{9rt}{14xz} \cdot \frac{7xz}{3ro}$; $+\frac{5ab}{3rs} \cdot -\frac{12rt}{35ax}$; $-\frac{5cc}{4dd} \cdot -\frac{4de}{5cm}$; $-\frac{4vv}{7rr} \cdot +\frac{21rr}{2v}$; $+\frac{3a}{10bb} \cdot -\frac{5b}{12aa}$; $-\frac{6az}{5bv} \cdot -\frac{5bv}{6az}$; $+\frac{3ccc}{4mm} \cdot -\frac{12mmm}{17ccc}$; $-\frac{36aabb}{5mq} \cdot -\frac{15mmq}{4aab}$; $+\frac{18abc}{25rr} \cdot -5abr$; $-\frac{14aab}{15mm} \cdot -10ma$; $\frac{13a}{17b} \cdot -\frac{1}{5}$; $-\frac{6ar}{7pm} \cdot \frac{2}{3}$; $-\frac{5{,}2ar}{bv} \cdot -\frac{0{,}3br}{av}$; $-\frac{0{,}72ab}{xx} \cdot +\frac{xb}{4ay}$; $+\frac{0{,}12rv}{aa} \cdot -\frac{aa}{12rv}$.

8. Regel. Ist einer der Faktoren oder sind beide Summen, so hat man jedes Glied des einen Faktors mit dem anderen Faktor oder mit jedem Gliede des anderen Faktors zu multiplizиren.

57. $6x(7a-3b+5c)+7x(2a+8b-4c)-13x(11a-9b-2c)$.

58. $4z(4a-6m+9r)-5z(11a-13m-16r)-11z(10a-5m+10r)$.

59. $\frac{x}{2}(4-2x+6xx-10xxx)-\frac{2}{3}xx(3+6x-12xx)$
$+\frac{4}{5}xxx(5-20x-100xx)$.

60. $0{,}3m(5-6m+11mm-14mmm)-0{,}5mm(8-12m+16{,}4mm)$
$-4mmm(10-12{,}7m)$.

61. $\left(\frac{3}{4}a-\frac{5}{8}b+\frac{1}{6}c\right)12v+\left(\frac{4}{5}a+\frac{9}{10}b-\frac{8}{15}c\right)\frac{5}{6}v-\left(\frac{2}{3}a-4b-\frac{5}{9}c\right)\frac{3}{8}v$.

62. $\left(\frac{2ab}{3cd}-\frac{4ad}{9bc}+\frac{7ac}{12bd}\right)\frac{3bc}{4ad}$. **63.** $\left(\frac{4rs}{5vx}-\frac{8rx}{15vs}-\frac{16sx}{25vr}\right)\frac{5vr}{8s}$.

64. $\frac{2}{x}(5-3x+12xx-17xxx)-\frac{4}{xx}(6x-7xx+12xxx)$
$-\frac{5}{xxx}(8xx-10xxx+3xxxx)$.

65. $\left(12-\frac{3}{x}+\frac{14}{xx}-\frac{12}{xxx}\right)2x+\left(10+\frac{4}{x}-\frac{7}{xx}+\frac{11}{xxx}\right)4xx$
$-\left(17-\frac{2}{x}+\frac{3}{xx}-\frac{16}{xxx}\right)3xxx$.

66. $\left(0{,}4\frac{a}{b}-1{,}2\frac{b}{c}+0{,}12\frac{c}{a}\right)10abc-0{,}8a(4ac-3{,}2bb)$.

67. $(3a-4b+5c)(7a-9b-8c)$.

68. $(7m-9q-8x)(4m-6q-12x)$.

69. $(14x-6xx+3xxx)(2-9x+7xx)$.

70. $\left(\frac{2}{3}-\frac{3}{4}m-\frac{m^2}{2}\right)\left(\frac{m}{2}-\frac{m^2}{3}-\frac{m^3}{4}\right)$. *)

71. $\left(\frac{x}{2}-\frac{3x^2}{5}-\frac{2x^3}{3}\right)(-2+30x-60x^2)$.

72. $(0{,}1ab-0{,}2ac+0{,}3bc)(2ab-0{,}3ac-0{,}5bc)$.

---

*) Wir wollen für die Folge eine Abkürzung in der Schreibweise eintreten lassen. Enthält eine Hauptgröße denselben Buchstabenfaktor mehre Mal, so werden wir den Buchstaben nur ein Mal schreiben und die Zahl, wie oft er als Faktor aufgestellt werden müßte, durch eine kleine Ziffer andeuten, die oben und rechts neben den Faktor gesetzt wird. Hiernach schreiben wir:
aaa kurz a^3, 5xxxx kurz $5x^4$, $\frac{3}{zz}$ kurz $\frac{3}{z^2}$, $\frac{abbb}{cmm}$ kurz $\frac{ab^3}{cm^2}$, ab.ab.ab kurz $(ab)^3$, $(a+b)(a+b)$ kurz $(a+b)^2$ u. s. f., und umgekehrt sind stets Ausdrücke, wie z. B. $\left(\frac{a}{b}\right)^4$ jedes Mal durch $\frac{a}{b}\cdot\frac{a}{b}\cdot\frac{a}{b}\cdot\frac{a}{b}$, $(a-b)^3$ durch $(a-b)(a-b)(a-b)$ u. s. f. zu ersetzen.

73. $\left(\frac{3xy}{4}-\frac{2x^3}{5y}+\frac{x^5}{3y^3}\right)\left(\frac{1}{2}-\frac{2y^2}{3x^2}-\frac{y^4}{4x^4}\right)$.

74. $\left(0{,}3\frac{a}{b}-0{,}7\frac{b}{a}-1{,}5\frac{b^3}{a^3}\right)\left(0{,}2\frac{a^2}{b^2}-1{,}4-1{,}1\frac{b^2}{a^2}\right)$

75. $\left(\frac{4ab}{c}-\frac{5a^2}{bc^2}+\frac{7a^3}{b^3c^3}\right)\left(\frac{3b}{a^2}-\frac{2}{abc}-\frac{7}{b^3c^2}\right)$.

76. $(3x+4y)(3x-4y)(-3x-4y)$.

77. $(4m-5q)(4m+6q)(5m-6q)$.

78. $(0{,}1r-0{,}2s)(0{,}2s-0{,}1r)(-0{,}2s-0{,}1r)$.

79. $\left(\frac{4x}{y}-\frac{5y}{x}\right)\left(2-\frac{3x^2}{4y^2}\right)\left(\frac{1}{x}-\frac{6x}{y^2}\right)$.

80. $\left(\frac{x}{2}+\frac{y}{3}\right)\left(\frac{x}{2}+\frac{y}{3}\right)\left(\frac{x}{2}+\frac{y}{3}\right)$.

81. $(3a-4b+5c)(9a-2b-c)+(10a-8b)(3a-7c)$.

82. $\left(\frac{1}{2}-\frac{x}{3}+\frac{x^2}{4}\right)(2x-5x^2)-(2-3x+4x^2)\left(\frac{1}{2}-\frac{x^2}{5}\right)$.

83. $(1-x+x^2)(1+x)-(1+x+x^2)(1-x)$.

84. $(9-6z+4z^2)(3-2z)+(9+6z+4z^2)(3+2z)$.

85. $\left(\frac{x}{2}+\frac{1}{3}\right)\left(\frac{x}{2}-\frac{1}{3}\right)\left(\frac{x}{2}-\frac{1}{3}\right)-x\left(\frac{x}{2}+\frac{1}{3}\right)\left(\frac{x}{2}+\frac{1}{3}\right)$.

86. $(1-x+x^2-x^3)(1+x)+(1-x)(1-x)(1-x)5x$.

87. $7m(1-0{,}2m)(1-0{,}2m)(1-0{,}2m)-(1-0{,}3m+0{,}4m^2)(7-0{,}4m^2)$.

9. Regel: Merke, daß unter Anderem ist

$$\begin{aligned}(A+B)(A-B) &= A^2-B^2,\\ (A+B)^2 &= A^2+2AB+B^2,\\ (A-B)^2 &= A^2-2AB+B^2,\\ (A+B)^3 &= A^3+3A^2B+3AB^2+B^3,\\ (A-B)^3 &= A^3-3A^2B+3AB^2-B^3,\end{aligned}$$

und bilde hiernach:

88. $(4a+5b)(4a-5b)$. **89.** $\left(\frac{xy}{2}-2xz\right)^2$. **90.** $\left(\frac{3x}{4y}+\frac{4y}{3x}\right)^2$.

91. $\left(0{,}2m-\frac{3}{m}\right)^2$. **92.** $\left(\frac{0{,}5p-0{,}1q}{2m+0{,}5r}\right)^2$.

93. $\left(\frac{x}{3}-\frac{5}{4}\right)\left(\frac{x}{3}+\frac{5}{4}\right)+\left(-\frac{2}{3}+\frac{x}{2}\right)\left(\frac{2}{3}+\frac{x}{2}\right)$.

94. $(0{,}4r+1{,}2s)^2+(r-0{,}3s)(-r+0{,}3s)$.

95. $(0{,}5v-0{,}02t)^2-(0{,}2v+0{,}05t)(-0{,}2v-0{,}05t)$.

96. $\left(\frac{z^2}{3}+0{,}3\right)\left(-\frac{z^2}{3}+0{,}3\right)-\left(0{,}3z^2-\frac{1}{3}\right)\left(-\frac{1}{3}+0{,}3z^2\right)$.

97. $(4m+3pq)(4m-3pq)+(3m+0{,}4pq)(-3m-0{,}4pq)$
$-(3p-4mq)(-3p+4mq)$.

98. $(x+y+z)(x+y-z)-(x-y+z)(x-y-z)$
$+(x-y+z)(-x+y+z)$.

99. $(a+b+c)^2+(a+b-c)^2+(a-b-c)^2$.

100. $(m+2p-3q)^2-(m-2p+3q)^2$.

101. $(0{,}3x-0{,}4y+2z)(-0{,}3x+0{,}4y-2z)-(0{,}3x-0{,}4y-2z)^2$.

102. $\left(\frac{s}{2}-\frac{2r}{3t}+\frac{3t}{4r}\right)\left(\frac{s}{2}-\frac{2r}{3t}-\frac{3t}{4r}\right)-\left(\frac{s}{2}+\frac{2r}{3t}-\frac{3t}{4r}\right)^2$.

103. $(m+p+q+r)(m+p-q-r)+(m+p+q-r)(m+p-q+r)$
$-(m-p+q-r)(m-p+q+r)+(m-p-q+r)(m+p+q+r)$.

104. $\left(\frac{2a}{b}+\frac{3b}{a}\right)^3$. **105.** $(1-3x)^3$. **106.** $\left(0{,}2-\frac{0{,}1}{x}\right)^3$.

107. $(a+b+c)^3$. **108.** $(x-y+z)^3$.

109. $(0{,}1m+0{,}2p-3r)^3$. **110.** $(2-5x-0{,}5x^2)^3$.

IV. Dividiren.

10. Regel. Man dividire die algebraischen Coeffizienten und die Hauptgrößen durch einander. Das Dividiren der algebraischen Coeffizienten erfolgt nach einem der Schemata:

$$+7:+4=+\frac{7}{4}$$
$$-7:+4=-\frac{7}{4}$$
$$+7:-4=-\frac{7}{4}$$
$$-7:-4=+\frac{7}{4}.$$

Gieb hiernach die Quotienten an:

$+12ab:+3b$; $-12rx:+6r$; $+36svt:-9st$; $-50mxy:-5mx$
$+3mv:-4v$; $-27m^2:-3m$; $-54ab:+6$; $-72m^3:30m^2$;
$+14am:-1$; $+16\frac{1}{3}rst:1\frac{2}{5}st$; $-mv:-\frac{m}{5}$; $+\frac{x^4}{5}:-\frac{x^2}{25}$;
$-\frac{x^2y^3}{4}:+\frac{xy^2}{6}$; $-5\frac{1}{7}sv:-\frac{3}{4}sv$; $pr:-\frac{5r}{7}$; $-17r^3:-\frac{r}{3}$;
$5ab^4:0{,}2b$; $-0{,}4r^3s^5:-2rs^3$; $-0{,}36m^4p^2:+0{,}9m^3p$;
$+10a^4b^3:-0{,}1a^4b^2$; $-2{,}6mx:+13$; $-12{,}6sq^3:-4{,}2sq$;

$+0{,}7ax^3y^2 : -3{,}5axy$; $-0{,}95ab^4 : -0{,}019ab^2$; $\frac{a}{b} : c$; $a : \frac{b}{ac}$;

$\frac{a}{b} : \frac{c}{d}$; $\frac{a}{b} : \frac{1}{c}$; $\frac{a}{b} : \frac{5m}{6b}$; $\frac{4m^3}{5x} : 3mx$; $\frac{5m^4}{6x^3} : \frac{2x}{3m}$; $\frac{4m}{5x^2} : \frac{12m}{35x}$;

$\frac{16a^2}{21b^3} : \frac{20a^3}{21b^4}$; $1 : \frac{5a^2}{7b}$; $+\frac{7ab}{5cm} : -\frac{12ac}{25mb}$; $-\frac{1}{3} : +\frac{4ac}{15bm}$;

$-\frac{x}{5} : -\frac{5}{x}$; $+10x^3 : -\frac{5x^5}{7}$; $-\frac{a^3b^4}{5c} : -\frac{7a^4b^5}{5c}$;

$-\frac{15}{16ab} : +\frac{1}{32abc}$; $-\frac{0{,}3ab}{c} : -\frac{0{,}9ac}{b}$; $+\frac{a^5b^3}{3c^2} : -\frac{a^4b^6}{5c}$;

$-\frac{0{,}27}{a^2b^3} : +\frac{0{,}9c}{ab}$; $+\frac{10rs}{vm} : -\frac{0{,}5rm}{vs}$; $+\frac{0{,}96}{x} : -\frac{12x}{y}$;

$-\frac{1}{5x^3} : +\frac{0{,}2x}{z}$; $+\frac{1}{ab} : -\frac{1}{ab}$; $-\frac{15a^2x^3}{1{,}6y^2} : +\frac{5x}{4{,}8y^3}$.

11. Regel. Ist der Dividendus eine Summe, so dividire man jedes Glied desselben durch den Divisor — in Formel:

$$(A+B):M = A:M+B:M.$$

111. $\left(36abc - \frac{26ac}{b} + 15x - 10\tfrac{1}{2}\frac{b}{a}\right) : 4ab.$

112. $\left(18rsx - \frac{12mv}{x} + 1\tfrac{1}{8}\frac{sx}{r} - 5\tfrac{2}{3}\frac{rm}{vx}\right) : \frac{9rv}{x}.$

113. $\left(\frac{10abc}{d} - \frac{11ad}{bc} + \frac{5bc}{6ad} - 9ab + \frac{ac}{3bd}\right) : -\frac{ac}{3bd}.$

114. $\left(3abx - 3\tfrac{1}{3}\frac{ra}{bx} + 7\tfrac{1}{2}\frac{sx}{ab} - 12\tfrac{1}{2}\frac{ab}{sx}\right) : -1\tfrac{2}{3}\frac{ab}{x}.$

115. $\left(0{,}12\frac{a}{x} - 0{,}17 + 0{,}01\frac{x}{a} - 16\frac{abx}{c} + m\right) : 0{,}5\frac{a^2}{x^2}.$

116. $\left(-15\frac{z}{bc} + 0{,}9bc - 3x + 0{,}18\frac{b}{z} - \frac{xb}{cz}\right) : -0{,}3\frac{bc}{z^2}.$

117. $\left(5{,}4\frac{xs}{b} - 4{,}8\frac{b}{s} + 0{,}36\frac{s}{b} - 24 - 120\frac{b^3}{s^3}\right) : -1{,}2\frac{b^2}{s^2}.$

12. Regel. Einen Quotienten, dessen Divisor eine Summe ist, in eine Summe zu verwandeln,

1) ordne man Dividendus und Divisor nach demselben Gesetze,
2) dividire das erste Glied des Dividendus durch das erste Glied des Divisors,
3) multiplizire diesen Quotienten mit dem ganzen Divisor,
4) subtrahire das Produkt von dem Dividendus — und wiederhole das Verfahren am Reste.

Es ist also in Formel

$$\frac{A}{B+C} = \frac{A}{B} - \frac{AC}{B}:(B+C)$$

$$= \frac{A}{B} - \frac{AC}{B^2} + \frac{AC^2}{B^2}:(B+C) \quad \text{u. s. f.}$$

118. $(21ar - 24as - 30ax - 28br + 32bs + 40cs - 35cr + 40bx + 50cx):$
$(3a - 4b - 5c)$.

119. $(3x^2 - xy + 23\tfrac{1}{2}xz - 10y^2 + 52yz - 31\tfrac{1}{2}z^2):(3x + 5y - 3\tfrac{1}{2}z)$.

120. $(35r^2s^2 - 69r^2sx - 18rs^2x - 54r^2x^2 + 78rsx^2 - 8s^2x^2):$
$(5rs + 3rx - 4sx)$.

121. $\left(\frac{3m^2}{8} - 4\tfrac{1}{4}mx + 8\tfrac{1}{12}mp^2 + 10x^2 - 29\tfrac{1}{3}p^2x - 2p^4\right):$
$\left(\tfrac{3}{2}m - 5x - \frac{p^2}{3}\right)$.

122. $(0{,}06x^2 - 0{,}11xy - 0{,}142xz - 0{,}3y^2 + 0{,}512yz - 0{,}02z^2):$
$(0{,}2x + 0{,}3y - 0{,}5z)$.

123. $(a^2 + 4{,}92am - 2{,}52ar - 0{,}4m^2 + 0{,}1mr + 0{,}05r^2):$
$(0{,}2a + m - 0{,}5r)$.

124. $\left(-\frac{9}{25}x^2 + \frac{4}{49}z^2\right):\left(-\frac{3}{5}x + \frac{2}{7}z\right)$.

125. $(1{,}44b^2 - 0{,}16a^2 + 0{,}24ac - 0{,}09c^2):(0{,}4a - 1{,}2b - 0{,}3c)$.

126. $\left(\frac{x^2}{16} - \frac{a^2}{4} - \frac{ab}{3} - \frac{b^2}{9}\right):\left(\frac{a}{2} + \frac{b}{3} - \frac{x}{4}\right)$.

127. $(1 - x^4):(1 - x)$. **128.** $(243 + 32s^5):(3 + 2s)$.

129. $\left(\frac{27x^3}{343y^3} + \frac{343y^3}{27x^3}\right):\left(\frac{3x}{7y} + \frac{7y}{3x}\right)$.

130. $\left(\frac{1}{0{,}125y^3} - 0{,}008z^3\right):\left(\frac{2}{y} - 0{,}2z\right)$.

131. $(1 + x - 2x^2 + 3x^3):(1 - x)$. (5 Glieder!)

132. $(2 - 3x - 5x^3):(4 - 3x)$. (4 Gl.!)

133. $(0{,}4x^2 - 0{,}7):(0{,}2x - 1)$. (4 Gl.!)

134. $1:(2 - 3x + 4x^2 - 5x^3)$. (4 Gl.!)

135. $(6 + 2x - 3x^2 + 7x^4):(4x^2 - x^3 + 3x^4)$. (5 Gl.!)

136. $1:(0{,}2x - 0{,}4x^2 - 0{,}5x^3)$. (4 Gl.!)

137. $1:\left(\frac{1}{x} - \frac{2}{x^2} + \frac{3}{x^3} - \frac{4}{x^4}\right)$. (5 Gl.!)

138. $\frac{3 - 2x}{0{,}1x + 0{,}2x^2 - 0{,}3x^3}$. **139.** $\frac{4x + 5y}{x - 2y}$. (5 Gl.!)

140. $(10x^2-2xy+11y^2):(2x^3-5x^2y+3xy^2-y^3)$ (4 Glieder!)

141. $\frac{1+x}{1-x+x^2}-\frac{1-x}{1+x-x^2}$. (Division auf 5 Gl.!)

142. $\frac{1-2z+3z^2}{1+3z-4z^2}+\frac{4-8z+7z^2}{-4-12z+9z^2}$. (ebenso!)

143. $\frac{a-b}{a+b}-\frac{a+b}{a-b}$. (Divis. auf 6 Gl.!)

144. $\frac{1}{1-x}$ auf 5 Glieder zu berechnen und die Gleichung von Summe und Quotienten zu bewahrheiten für $x=\frac{1}{2}$; $x=0{,}1$; $x=0{,}001$. Sind Quotient und Summe auch annähernd gleich für $x=10$?

145. $\frac{1}{x+1}$ auf 4 Glieder zu berechnen und die Gleichheit von Summe und Quotienten zu bewahrheiten für $x=2$, $x=10$, $x=100$ Sind Quotient und Summe auch für $x=0{,}1$ annähernd gleich?

146. $\frac{1-x}{1+x}$ und $\frac{-x+1}{x+1}$ je auf 5 Glieder zu berechnen, darauf Summe und Quotienten, wie vorher, zu vergleichen bei jenem für $x=0{,}2$ und $x=-0{,}01$, bei diesem für $x=5$ und $x=-100$.

V. Complexschreiben.

13. Regel: Haben mehre Glieder einer Summe einen gemeinschaftlichen Faktor, so darf man die Summe durch diesen Faktor komplex schreiben, d. h. jedes dieser Glieder durch den Faktor algebraisch dividiren, die Quotienten algebraisch addiren und die Summe mit jenem Faktor multiplizieren. Es ist also

1) $A-B+C=A+(-B+C)$

2) $A-B+C=A-(B-C)$

3) $A+BM+CM=A+M(B+C)$

4) $A+\frac{B}{M}+\frac{C}{M}=A+\frac{B+C}{M}$.

Die nachstehenden Summen sollen hiernach durch Absondern des gemeinschaftlichen Faktors in Produkte — jede der Nrn. 147—151 auf mehrerlei Weise — verwandelt werden.

147. $10abc-12acd+18acm-\frac{4acx}{5}-\frac{6acy}{7}+2ac$.

148. $12x^2y-18xyz-30xy+42xmy-\frac{6xy}{7z}$.

149. $\frac{4ab}{5mq}-\frac{12ac}{35mr}+\frac{14ad}{15ms}-\frac{2a}{5m}$.

150. $0{,}04a^2b^2-0{,}06ab^2c+\frac{4abc}{d}-2ab$.

151. $\frac{ab}{2x}-\frac{ax}{3b}+\frac{bx}{4a}-\frac{abx}{5}-\frac{1}{60abx}+\frac{2a}{3bx}$.

152. $24am-30ap+28bm-35bp$.

153. $10ax-15ay+2bx-3by$.

154. $16rx-20sx-12rz+15sz$.

155. $14mp-21vp-2m+3v$.

156. $6ar-8br+\frac{a}{2}-\frac{2b}{3}$.

157. $10x^3-25x^2-0{,}4x+1$.

158. $\frac{3a}{4x}-\frac{7b}{8x}+12a^2-14ab$.

159. $6ax-9bx-\frac{0{,}2}{b}+\frac{0{,}3}{a}$.

160. $12x^2-15x-0{,}8+\frac{1}{x}$.

161. $15xy+20-\frac{3x}{4}-\frac{1}{y}$.

Für die Verwandlung der folgenden Summen in Produkte beachte man die Formeln der 9. Regel und merke die weiteren:

$$A^3-B^3=(A-B)(A^2+AB+B^2)$$
$$A^3+B^3=(A+B)(A^2-AB+B^2).$$

Die Verallgemeinerung der in diesen Formeln enthaltenen Lehrsätze ergiebt sich aus den Beispielen Nr. 305 u. 306.

162. $9a^2-16b^2$.

163. $25a^2+60am+36m^2$.

164. $\frac{4}{9}r^2-rs+\frac{9}{16}s^2$.

165. $\frac{x^2}{4}+2xy+4y^2$.

165$^*_1$. $27x^3-125y^3$.

165$^*_2$. $\frac{8a^3}{343b^3}+216b^3$.

165$^*_3$. $0{,}064z^3-1$.

166. $a^2-2ab+b^2-c^2$.

167. $x^2-y^2-2yz-z^2$.

168. $9x^2-24xy+16y^2-25z^2$.

169. $48ax-56ay+36x^2-49y^2$.

170. $15bx-24by+\frac{25x}{y}-\frac{64y}{x}$.

171. $3x+5y+9x^2+30xy+25y^2$.

172. $0{,}2a-0{,}3b-4a^2+12ab-9b^2$.

173. $2x^4+3x^3+\frac{4xx}{9}-1$.

174. $16x^2-8x+1+\frac{4}{x}-\frac{1}{x^2}$.

175. $64z^2-121v^2-24zr+33vr$.

176. $\frac{0,7x}{y}-0,8-0,49x^2+1,12xy-0,64y^2$.

176$^*_1$. $125x^3-64z^3-25x^2+16z^2$. **176$^*_2$.** $\frac{x^3}{8}+\frac{x^2z}{2}+\frac{xz^2}{3}+\frac{z^3}{27}$.

Eine dreigliedrige Summe

$$x^2+Ax+B$$

kann in ein Produkt zerlegt werden, wenn man den algebraischen Coefficienten A so in zwei Summanden $(P+Q)$ zerlegt, daß deren Produkt gleich B ist. Man behandle alsdann die Summe

$$x^2+Px+Qx+PQ$$
$$=(x+P)(x+Q).$$

Hierzu die Beispiele:

177. x^2+5x+6.
178. x^2+5x+4.
179. x^2-5x+6.
180. x^2-5x-6.
181. $x^2-10x+16$.
182. $x^2+12x+35$.
183. $x^2-8x-20$.
184. $x^2+10x-24$.
185. $m^2-15m+56$.
186. $a^2+0,7a+0,12$.
187. $r^2-0,4r-0,05$.
188. $z^2+0,6z-0,16$.
189. $x^2-\frac{4x}{7}+\frac{3}{49}$.
190. $a^2-\frac{2a}{3}-\frac{1}{3}$.
191. $a^2+7ba+12b^2$.
192. $r^2-10rs+24s^2$.
193. $32y^2-12xy+x^2$.
194. $x^2-\frac{5xy}{6}+\frac{y^2}{6}$.
195. $a^2-\frac{3ab}{4}-\frac{b^2}{4}$.
196. $m^2+0,6mp-0,07p^2$.

Heben der Brüche.

14. **Regel.** Beabsichtigt man einen Bruch zu heben, so verwandle man Zähler und Nenner in ein Produkt; alsdann können die dem Zähler und Nenner gemeinschaftlichen Faktoren weggelassen werden.

Dazu die Beispiele:

197. $\frac{10abr-12acr+30bmr-36cmr}{15xbr-18xcr-25bry+30cry}$.

198. $\frac{6abx-8bcx-16acx+24c^2x}{12amx-16cmx+3ax-4cx}$.

199. $\frac{1,4mpq-21mrq+0,021vpq-0,315vrq}{28xpq-420xrq-0,7ypq+10,5yrq}$.

200. $\frac{4x^2-9y^2}{6ax-9ay-0{,}2bx+0{,}3by}$.

201. $\frac{25x^2-70xy+49y^2}{25x^2-49y^2}$.

202. $\frac{36x^2+96xy+64y^2}{3x+4y-15x^2-20xy}$.

203. $\frac{m^2-mp+\frac{p^2}{4}}{2m-p+0{,}6mr-0{,}3pr}$.

204. $\frac{x^2-\frac{4}{25}}{x^3-\frac{2x^2}{5}-5x+2}$.

205. $\frac{x^2-1}{x^2+2x+1}$.

206. $\frac{x^2+5x+6}{x^2+7x+12}$.

207. $\frac{m^2+6mx-7x^2}{m^2-4mx+3x^2}$.

207*. $\frac{27x^3+54x^2y-72xy^2-64y^3}{9x^2-4y^2}$.

Das kleinste Vielfache mehrer Zahlen.

15. Regel. Soll man zu mehren **eingliedrigen** Zahlen das kleinste Vielfache suchen, so suche man das kleinste Vielfache zu den Coeffizienten und zu den Hauptgrößen. Das letztere muß jeden Buchstabenfaktor, der überhaupt in den Zahlen vorkommt, wenigstens **ein** Mal, braucht ihn aber auch nicht öfter zu enthalten, als die Zahl, in welcher er am häufigsten auftritt. —

Suche hiernach das kleinste Vielfache zu:

$6a$, $12b$, $15c$, $20ab$, $8ac$, $24bc$, $40ab$, $30bc$.
$2m$, $10x$, $6mx$, $21x^2$, $15m^2x$, $14m^2$, $35mx^2$.
ab, $9a^3b$, $15b^3c$, $12a^2c^2$, $4a^4$, $20ab^2$, $6c^5$.
rt^4, $5r^4t$, $2r^2x$, $3r^3t^2$, $10xt^3$, $15r^4t^4$, $6xr^4$.
5, $2ms^2$, $22s^3$, $33m^5y$, $6m^3s^2$, $10m^4z$, $110m^2yz$.
$16z^3$, $24m^5z$, $15mzt^4$, $40m^2t^3$, $60z^2m^4t^2$, $48m^5t^4z^2$.
$36v^2x$, $24v^5r^4$, $42r^3x^4$, $28r^4v^3$, $63vt$, $252r^2v^2t$.

Hat man zu mehren **mehrgliedrigen** oder eingliedrigen **und** mehrgliedrigen Zahlen das kleinste Vielfache zu suchen, so zerlege man jede nach einem der oben (Beispiele zur 13. Regel) gelehrten Verfahren so lange als möglich in Faktoren und folge dann wieder der obigen Regel: lege also jeden Faktor der Zahlen wenigstens **ein** Mal, aber auch nicht öfter in das Vielfache, als er überhaupt in einer der Zahlen als Faktor vorkommt.

Gieb hiernach das kleinste Vielfache (in Gestalt eines Produktes!) an von:

$x,\ x+1,\ x+2.$	$x-1,\ x+1,\ 2x-1.$
$x,\ x+2,\ x+4.$	$2,\ 3,\ 6x+5,\ 3x+2.$
$3x,\ x-3,\ x+3.$	$10x,\ 10,\ 10x+1,\ 10x+10.$
$4x,\ 2x+1,\ 4x+1.$	$a,\ 2a,\ 2a+b,\ 2a+2b.$

208. $3x,\ 4x^2-4,\ 3x-3,\ x+1,\ 2x^2+4x+2,\ 5x-5.$

209. $5x+15,\ 6x^2-54,\ x^2-6x+9,\ 2x^2,\ 6x^2+18x,\ 7x-21.$

210. $a^3+3a^2+3a+1,\ 5a^3+10a^2+5a,\ 4a^3,\ 12a^4-12a^2,\ 4a^2-4a.$

211. $a^2+5a+4,\ 12a^4+96a^3+192a^2,\ a^3+2a^2-8a,\ 6a^2,$ $3a^4-3a^3-6a^2.$

212. $m^4-3m^2+2,\ 5m^4-10m^3+5m^2,\ 3m+3,\ m^4-4m^2+4,\ 2m^3.$

213. $6a+12b,\ 5ab,\ 3a^3b+12a^2b^2+12ab^3,\ 2a^2,\ 5a+2b,\ 5a+10b.$

214. $3m-4a,\ 12a-9m,\ 18m^2-48am+32a^2,\ 27m^4a-48a^3m^2,$ $6m^3a^2,\ 15m^3a^2-20m^2a^3,\ 3m+3a.$

215. $4n+8p,\ 6n^3p+30n^2p^2+36np^3,\ n^2+6np+9p^2,\ 5n^3,\ 4np^2,$ $5n^2+4p^2,\ n^2c-4p^2c.$

216. $a^2c+bc^2,\ a^4+2a^2bc+b^2c^2,\ 5a^2c,\ 3bc^2,\ 5a^4b^2+10a^2b^2c+5b^2c^2,$ $a^4+(b+1)a^2c+bc^2,\ 3a^2+3bc.$

217. $a+b+c,\ a^2+b^2+c^2,\ a^2+2ab+b^2-c^2,\ 5a+5b-5c,\ 7a+7b,$ $3a^2c+6abc+3b^2c,\ 4a^2c,\ 6ab^2,\ 2bc^2,\ 10ac^3+10bc^3.$

Addiren und Subtrahiren von Brüchen.

16. Regel. Gleichnamige Brüche werden addirt oder subtrahirt, indem man ihre Zähler nach den früheren Regeln (1—5) addirt oder subtrahirt. Ungleichnamige Brüche müssen zunächst gleichnamig gemacht werden. Man suche demnach zu den verschiedenen Nennern das kleinste Vielfache und gebe dieses jedem Bruche zum Nenner; dividire also den Nenner eines jeden Bruches in das Vielfache und multiplizire den Quotienten mit dem Zähler des Bruches. Das Produkt liefert den neuen Zähler desselben.

Hiernach sollen die folgenden Summen berechnet werden:

218. $\frac{4a}{5b}+\frac{7a}{3b}-\frac{6c}{4b}+\frac{11c}{12b}-\frac{8a}{15b}-\frac{7c}{20b}-a+3c-\frac{c}{b}.$

219. $\frac{5a}{6x}-\frac{7b}{8x}+\frac{10c}{12x}-\frac{5b}{3x}-\frac{11c}{5x}+\frac{14a}{15x}-a+2b.$

220. $\frac{4x}{5y}-\frac{7x}{8y}+\frac{13x}{16y}-\frac{7z}{4y}-\frac{9x}{20y}+\frac{3z}{40y}-\frac{11z}{16y}+\frac{4z}{y}-x.$

221. $\frac{4x}{3x-3}+\frac{7}{4x-4}-\frac{6}{5x-5}+\frac{3x}{2x-2}-\frac{7x}{x-1}+\frac{2}{3x-3}+4x-5.$

222. $\frac{7a}{3a-4b}-\frac{5b}{6a-8b}+\frac{3b}{12a-16b}-\frac{4a}{15a-20b}$
$+\frac{6a}{30a-40b}-7+2a.$

223. $\frac{3a-4b}{5a}-\frac{7b}{3a}+\frac{5a-2b}{4b}-\frac{9a}{10b}+\frac{12a-5b}{12b}-4.$

224. $\frac{6a-5b}{2a}-\frac{7a+3b}{3a}+11+\frac{4a-5b}{3b}-\frac{a+b}{6b}-\frac{2a+3b}{4a}.$

225. $\frac{3x-1}{3x}-\frac{5x+2}{6x^2}+7-\frac{2x+3}{8x}+\frac{4x^2+3x-2}{12x^2}+\frac{1}{x}.$

226. $\frac{5x+2}{4x}-\frac{3x}{8}-\frac{6x-1}{5x^2}+10-2x-\frac{3x^2+2x-9}{10x}+\frac{3}{4x}.$

227. $\frac{5x-1}{2x-1}-3+\frac{5x+1}{2x+1}-\frac{12x^2-3x+2}{4x^2-1}.$

228. $\frac{4a^2+3ab-b^2}{25a^2-36b^2}-7+\frac{6a-5b}{5a+6b}-\frac{2a+3b}{5a-6b}.$

229. $\frac{5}{3x}-\frac{7-3x}{x-1}+2-\frac{8x}{5}+\frac{9-5x}{3x-3}.$

230. $\frac{12m-4r}{2m-r}-7+\frac{3m-2r}{6m}-\frac{5m+r}{4r}.$

231. $\frac{a-1}{a+1}-\frac{a+1}{a-1}+\frac{a^2+1}{a^2-1}+4-\frac{5}{2a}.$

232. $\frac{7m}{3p-2m}+\frac{4p}{2p-m}-1+\frac{3p}{8m}-\frac{5m}{6p}.$

233. $\frac{0,2m+0,3}{2m-3}-0,5+0,1m-\frac{1}{2m}-\frac{0,4m+3}{4m-6}.$

234. $\frac{2a}{a+3}-\frac{a+1}{2a-5}+6-\frac{3a}{2a+6}.$

235. $\frac{10a-4b}{2a+5b}-\frac{a^2-2ab+3b^2}{4a^2-25b^2}+\frac{4a^2+b^2}{4a^2+20ab+25b^2}.$

236. $\frac{a}{a-1}-\frac{2a^2-1}{a^2-1}+3-\frac{a}{a+1}+\frac{4a}{a^2-2a+1}.$

237. $\frac{4}{x^2}-\frac{5}{x^2-1}+\frac{6}{x^2-2x+1}-\frac{1}{2x}.$

238. $\frac{3x}{x^2-5x+4}-\frac{2x+1}{x^2+3x-4}+\frac{x-2}{x^2-16}.$

Zweite Gruppe.

Rechnungsoperationen mit allgemeinen Zahlen, deren Hauptgrößen Potenzen und Wurzeln sind.

Erklärung: Es ist

$$\sqrt[N]{A^N} = A,$$

$$(\sqrt[N]{A})^N = A \quad \text{und weiter}$$

$$A^{\frac{P}{Q}} = \sqrt[Q]{A^P},$$

$$A^{-N} = \frac{1}{A^N}; \quad \frac{1}{A^{-N}} = A^N; \quad A^0 = 1.$$

17. Regel: Gleichviel ob N und P positive oder negative, ganze oder gebrochene Zahlen sind, immer bestehen die Gleichungen:

$$A^N . A^P = A^{N+P}$$

$$A^N . B^N = (AB)^N, \quad \text{namentlich also auch}$$

$$\sqrt[P]{A} . \sqrt[P]{B} = \sqrt[P]{AB}$$

$$A^N : A^P = A^{N-P}$$

$$A^N : B^N = (A : B)^N, \quad \text{und somit auch}$$

$$\sqrt[P]{A} : \sqrt[P]{B} = \sqrt[P]{A : B}$$

$$(A^N)^P = A^{NP}, \quad \text{sonach unter Anderem}$$

$$(\sqrt[P]{A})^N = \sqrt[P]{A^N},$$

$$\sqrt[P]{A^N} = A^{\frac{N}{P}}.$$

Bilde hiernach und merke

$$1^2, 2^2, 3^2, \ldots 10^2,$$

ebenso

$$1^3, 2^3, 3^3, \ldots 10^3.$$

1. Gieb ferner an:

2^4, 3^5, 10^1, 10^2, 10^3, . . . $(\frac{1}{2})^2$, $(\frac{1}{3})^3$, $(\frac{1}{4})^4$, $(\frac{2}{3})^2$, $(\frac{3}{5})^3$, $(\frac{2}{7})^2$, $(1\frac{1}{2})^3$, $(2\frac{1}{4})^2$, $(1\frac{1}{5})^4$, $(1\frac{1}{3})^3$; $0{,}1^2$; $0{,}2^2$; $0{,}5^2$; $0{,}9^2$; $0{,}1^3$; $0{,}2^3$; $0{,}4^3$; $0{,}9^3$; $0{,}01^2$; $0{,}009^2$; $0{,}02^3$; $0{,}08^3$; $0{,}1^4$; $0{,}2^5$; $1{,}1^2$; $1{,}3^2$; $0{,}21^2$; $3{,}1^2$;

$0{,}11^3$; $5{,}1^2$; $10{,}1^3$; $(-2)^2$; $(-3)^3$; $(-\frac{1}{5})^4$; $(-\frac{2}{3})^3$; $\sqrt{25}$; $\sqrt{49}$; $\sqrt{\frac{1}{4}}$;
$\sqrt{\frac{1}{36}}$; $\sqrt{\frac{9}{64}}$; $\sqrt{0{,}01}$; $\sqrt{0{,}25}$; $\sqrt{0{,}81}$; $\sqrt{-36}$; $\sqrt[3]{8}$; $\sqrt[3]{27}$; $\sqrt[3]{\frac{1}{64}}$; $\sqrt[3]{\frac{1}{343}}$;
$\sqrt[3]{-125}$; $\sqrt[3]{-1}$; $\sqrt[3]{-\frac{1}{8}}$; $\sqrt[3]{-\frac{1}{216}}$.

9^2, $9^{\frac{1}{2}}$, 9^{-2}, $9^{-\frac{1}{2}}$, $(\frac{1}{9})^{-2}$, $(\frac{1}{9})^{\frac{1}{2}}$, $(\frac{1}{9})^{-\frac{1}{2}}$, $(-9)^2$, $(-\frac{1}{9})^{-2}$, $(-9)^{\frac{1}{2}}$, 8^3, $8^{\frac{1}{3}}$, $8^{\frac{2}{3}}$, 8^{-3}, $8^{-\frac{1}{3}}$, $(-8)^{\frac{1}{3}}$, $(-8)^{-\frac{1}{3}}$, $(\frac{1}{8})^{-\frac{1}{3}}$, $(\frac{1}{8})^{-3}$, $(-\frac{1}{8})^{\frac{1}{3}}$, $(-\frac{1}{8})^{-\frac{1}{3}}$, 100^{-2}, $100^{-\frac{1}{2}}$, $64^{\frac{1}{3}}$, $(-64)^{-\frac{1}{3}}$, $(\frac{1}{32})^{\frac{1}{5}}$, $(-2)^{-5}$, $\frac{1}{10^{-3}}$, $16^{-\frac{1}{4}}$, $\frac{1}{25^{-\frac{1}{2}}}$; $\frac{1}{2^{-3}}$, $(-125)^{-\frac{1}{3}}$.

a^3+a^4, a^3+b^3, $4a^3+5a^3$, dieß ist die Regel —?

$\sqrt{a}+\sqrt[3]{a}$, setze z. B. $a=64$; $\sqrt{b}+\sqrt{c}$, setze z. B. $b=9$, $c=16$;
$3\sqrt{a}+4\sqrt{a}$, dieß ist die Regel —?

2. Beispiele zu der Formel:

$$A^N . A^P = A^{N+P}$$

$a^3.a^5$, $a^4.a$, $a^6.a^0$, $a^5b^4.a^3b^2$, $x^2m^3.x^3m^4p^2$, $a^3bc^4.ac^2d^4$, $m^r.m^p$, $m^r.m^{r+1}$, $x^{2p}.x^{p-1}$, $a^mb^p.a^{m+1}b^2$, $x^rz^n.x^{2r-1}z^3$, $k^{r-1}t^{r-2}.k^{r+1}t^{2r+3}$; ———

$a^{\frac{1}{2}}.a^{\frac{1}{3}}$, $a^{\frac{3}{4}}.a^{\frac{1}{3}}$, $a^{\frac{1}{2}}.a^2$, $a^{\frac{2}{3}}.a^{1\frac{1}{2}}$, $a^{\frac{1}{2}}b^{\frac{3}{5}}.a^{\frac{1}{2}}b^{\frac{2}{5}}$, $m^2p^{\frac{3}{2}}.m^{\frac{1}{3}}p^{\frac{1}{2}}$, $x^ry^{\frac{p}{2}}.x^{\frac{1}{2}}y^{\frac{p}{2}}$, $x^{\frac{m}{p}}z^{\frac{p}{2}}.x^{\frac{m-1}{p}}z^{\frac{p}{3}}$, $m^{\frac{r}{3}}p^{\frac{s}{r}}.m^{\frac{2r}{3}}p^{\frac{s}{r}}$, $\sqrt{x}.\sqrt[3]{x}$; $\sqrt{m^3}.\sqrt[4]{m}$; $\sqrt[p]{m}.\sqrt[q]{m}$;

$\sqrt[p]{a^2}.\sqrt[q]{a^3}$; $\sqrt[\frac{1}{2}]{a}.\sqrt[\frac{1}{3}]{a}$; $\sqrt[\frac{1}{2}]{a}.\sqrt[2]{a}$; ——— $a^{-2}.a^5$; $a^{-3}.a^{-4}$; $a^{-5}.a^3$; $a^{-7}b^4.a^{-3}b^{-5}$; $a^2b^{-5}.a^{-1}b^{-2}$; $a^{-4}b^3.a^4b^{-5}$; $x^{-7}y^4.x^7y^{-4}$; $z^{-r}p^s.p^{-3s}z^3$; $z^{-s}y^{-1}.y^{-2r}z^{s-1}$; $m^{-\frac{2}{3}}q^{\frac{1}{2}}.m^{-\frac{1}{3}}q^{-1}$; $p^{-\frac{3}{2}}r^{\frac{1}{3}}.p^2r^{-1}$;

$a^3b^5.\frac{b^4}{a^2}$; $\frac{a^2}{b^5c^3}.\frac{c^4}{b^2a^3}$; $\frac{m^0x^4}{y^2z^5}.\frac{x^3y^3z^3}{m^4}$; $\frac{\sqrt{z}}{\sqrt[3]{x}}.\frac{x}{z}$; $\frac{\sqrt[3]{m}}{\sqrt{m}}.\sqrt[3]{m^2}$; $\frac{\sqrt[4]{z}}{\sqrt{x}}.\frac{x}{\sqrt{z}}$;

$\frac{\sqrt{m^5}}{p^3}.\frac{\sqrt{p}}{m^2}$; $\frac{\sqrt{m^3}}{\sqrt{p^5}}.p^3\sqrt{m^5}$; $\frac{\sqrt[3]{x^2}}{z}.\frac{\sqrt{z^5}}{x^2}$; $\frac{\sqrt[3]{z}}{x^3}.\frac{\sqrt{x^3}}{z}$; $\frac{\sqrt[3]{z^2}}{\sqrt{x}}.\frac{1}{z}$;

$\sqrt{x^n}.\frac{1}{\sqrt[3]{x^{2n}}}$; $\frac{\sqrt{x^p}}{\sqrt[3]{z^n}}.\frac{z^n}{x^{p-1}}$; $\frac{\sqrt[4]{x^{3p}}}{z}.\frac{\sqrt[3]{z^{2n}}}{\sqrt[4]{x^p}}$; $\frac{\sqrt{m}}{\sqrt[3]{x^2}}.\frac{1}{\sqrt{x^5}}$.

3. Beispiele zu der Formel:

$$A^N : A^P = A^{N-P}.$$

$a^5:a^3$, $a^3:a^5$, $a^4:a$, $a:a^5$, $a^7:a^0$, $a^0:a^2$, $a^r:a^{r-1}$, $a^n:a^{n+1}$, $a^{2r}:a^r$, $a^{2r}:a^{5r}$, $m^{p-1}:m^{p+1}$, $s^{m-1}:s^{m-5}$, $p^{2r+1}:p^{3r-1}$, $a^3:a^5b^2$, $a^6b^2:a^4b^3$, $a^3b^5:a^3b^8$,

$a^4b^2 : a^5b^7$, $m^p r^{q+1} : m^{p-2}$, $c^n q^r : c^{n+2} q^{2r}$, $x^{n-1} : x^{n-2}yz^3$. ——— $x^{\frac{1}{2}} : x^{\frac{1}{3}}$,
$x^{\frac{1}{3}} : x^{\frac{1}{2}}$, $x^{\frac{1}{4}} : x^{\frac{1}{3}}$, $x^{\frac{1}{2}} : x$, $x^2 : x^{\frac{2}{3}}$, $x^n : x^{\frac{n}{2}}$, $x^{\frac{1}{2}} : x^r$, $\sqrt{x} : \sqrt[3]{x}$, $x : \sqrt{x}$, $\sqrt{x} : x^2$,
$\sqrt{x^r} : \sqrt{x^p}$, $\sqrt{x^m} : x^m$, $x : \sqrt{x^n}$, $\sqrt[3]{x^2} : \sqrt{x^5}$, $\sqrt[3]{x} : x^2$, $x^3 : \sqrt[3]{x^2}$, $z^r : \sqrt[3]{z^{2r}}$,
$\sqrt[3]{z^{2r-1}} : z^{2r+1}$, $\sqrt[n]{z} : \sqrt[n]{z^2}$, $\sqrt[n]{n^3} : \sqrt[n]{n}$, $\sqrt[n]{3n} : \sqrt[n]{(3n)^2}$, $\sqrt[n]{p} : p$, $p^{2n} : \sqrt[2]{p^n}$. ———
$a^{-2} : a^5$, $a^5 : a^{-2}$, $a^{-3} : a^{-4}$, $a^{-5} : a^{-3}$, $a^{-5}b^4 : a^{-2}b^{-3}$, $a^3b^2 : a^{-3}b^{-2}$,
$a^4b^{-5} : a^4b^{-5}$, $a^{-3}b^{-2} : a^{-2}b^{-5}$, $x^r : x^{-r}$, $z^n y^p : z^{-2n} y^{2p}$, $z^{n-1}x^{-p} : z^{1-n}x^{-p+1}$,
$x^{-\frac{1}{2}} : x^2$, $x^{\frac{1}{3}} : x^{-1}$, $x^{-2} : x^{\frac{5}{2}}$; $\frac{x^3}{y^4} : \frac{x^4}{y^2}$, $\frac{x^2}{z} : \frac{z^3}{x^4}$, $\frac{1}{x^3z^2} : \frac{1}{x^2z}$, $\sqrt{x} : \frac{1}{x}$,
$\frac{1}{x^2} : \sqrt{x^3}$, $\sqrt[3]{x^2} : \frac{1}{\sqrt{x}}$, $\sqrt[4]{x^3} : \frac{1}{\sqrt{x^5}}$, $x^2 : \frac{1}{\sqrt{x^3}}$, $\frac{1}{\sqrt{x}} : \frac{1}{\sqrt{x^3}}$, $\frac{1}{\sqrt[3]{x^2}} : x^2$,
$\sqrt{x^r} : \frac{1}{\sqrt{x}}$, $x^n : \frac{1}{\sqrt{x^3}}$, $\frac{1}{\sqrt[3]{x^2}} : x^p$, $\frac{z}{\sqrt{x^r}} : \frac{1}{x^r}$, $\sqrt[r]{x} : \frac{1}{x}$, $\frac{1}{\sqrt[n]{z}} : \frac{1}{z}$, $\frac{1}{\sqrt[n]{z^{2n+1}}} : z^2$.

Beispiele zu den Formeln:

$$A^N . B^N = (A . B)^N, \quad \sqrt[P]{A} . \sqrt[P]{B} = \sqrt[P]{AB};$$

$$\frac{A^N}{B^N} = \left(\frac{A}{B}\right)^N, \quad \frac{\sqrt[P]{A}}{\sqrt[P]{B}} = \sqrt[P]{\frac{A}{B}}.$$

4. a^2b^2, $\frac{1}{a^3b^3}$, $\frac{a^5}{b^5}$, $\sqrt{x} . \sqrt{y}$, $\frac{\sqrt{x}}{\sqrt{y}}$, $\sqrt{x} . \sqrt{x}$, $\sqrt[3]{x^2} . \sqrt[3]{x}$, $\sqrt{x^5} . \sqrt{x^3}$,
$\sqrt{x^5} : \sqrt{x^7}$, $\sqrt{x^r} : \sqrt{x^p}$, $\sqrt[3]{x^8} : \sqrt[3]{x^5}$, $\frac{\sqrt[3]{x}}{\sqrt[3]{x^4}}$. ——— $\sqrt{2} . \sqrt{18}$, $\sqrt{3} . \sqrt{\frac{1}{3}}$,
$\sqrt{7} . \sqrt{\frac{5}{14}}$, $\sqrt{100} . \sqrt{0{,}25}$, $\sqrt{\frac{5}{3}} . \sqrt{\frac{3}{35}}$, $\sqrt{0{,}01} . \sqrt{49}$, $\sqrt{1\frac{1}{4}} . \sqrt{5\frac{1}{3}}$, $\sqrt{18} . \sqrt{\frac{1}{2}}$,
$\sqrt{65} : \sqrt{13}$, $\sqrt{24} : \sqrt{1\frac{1}{2}}$, $\sqrt{19} : \sqrt{10}$, $\sqrt{7{,}5} : \sqrt{0{,}3}$, $\sqrt{3{,}6} : \sqrt{0{,}1}$, $\sqrt[3]{4} . \sqrt[3]{2}$,
$\sqrt[3]{\frac{1}{6}} . \sqrt[3]{384}$, $\sqrt[3]{9} . \sqrt[3]{\frac{10}{9}}$, $\sqrt[3]{2\frac{2}{3}} . \sqrt[3]{10\frac{1}{8}}$, $\sqrt[3]{0{,}01} . \sqrt[3]{2{,}7}$, $\sqrt[3]{46} : \sqrt[3]{1\frac{19}{27}}$, $\sqrt[3]{12} : \sqrt[3]{\frac{1}{18}}$,
$\sqrt[3]{0{,}72} : \sqrt[3]{\frac{10}{3}}$, $\sqrt[3]{8{,}1} : \sqrt[3]{0{,}3}$.

5. Es sollen die nachfolgenden Vielfachen (und Theile) der Potenzen von x in Potenzen von Vielfachen (oder Theilen) des Dignanden x verwandelt werden: wie z. B.

$$8x^3 = 2^3 . x^3 = (2x)^3$$

$$\frac{b^6x^3}{a^3} = \frac{(b^2)^3x^3}{a^3} = \left(\frac{b^2x}{a}\right)^3$$

$$27x^2 = 3 . 3^2 . x^2 = 3(3x)^2$$

$4x^2$, $\frac{x^2}{25}$, $\frac{36x^2}{49}$, $0{,}01x^2$, $1\frac{7}{9}x^2$, $6\frac{1}{4}x^2$, $0{,}0064x^2$, $\frac{x^3}{8}$, $64x^3$, $\frac{125x^3}{729}$,

$3\frac{3}{8}x^3$; $0{,}008x^3$; $0{,}343x^3$; $16x^4$; $\frac{x^6}{64}$; $0{,}0081x^4$; a^2x^2, $b^{2n}x^2$, $\frac{c^2x^2}{d^2}$,

$\frac{9x^2}{m^2}$, $\frac{16r^6x^2}{n^4}$, $\frac{25s^{2r}x^2}{49m^8}$; a^3x^3, $b^{3n}x^3$, $\frac{x^3}{c^{3r}}$, $\frac{0{,}064x^3}{p^6}$; $\frac{0{,}000729a^6x^3}{b^{3p}}$;

$\frac{a^{3n}x^3}{b^{6p}}$, $\frac{a^{2p}x^p}{b^{3p}}$; $12x^2$, $18x^2$, $\frac{5x^2}{9}$, $\frac{75x^2}{49}$, $\frac{8x^2}{27}$; $0{,}03x^2$; $0{,}18x^2$;

$\frac{0{,}25a^3x^2}{b^4}$, $\frac{50a^4x^2}{63b^3}$, $\frac{a^{2r+1}x}{b^{2n}}$, $54x^3$, $\frac{x^3}{16}$, $\frac{27a^4x^3}{b^3}$; $\frac{0{,}08x^3}{10b^4}$, $\frac{b^5x^3}{a^3}$,

$$\frac{m^{3p+2}x^3}{r^2}, \quad \frac{m^{3p+2}x^p}{r^{2p+1}}.$$

6. Es sollen die nachfolgenden Vielfachen (und Theile) der Wurzel aus z als Wurzeln aus Vielfachen (und Theilen) von z dargestellt — kurz: Faktoren von Wurzeln unter das Wurzelzeichen gebracht werden, wie z. B. $3\sqrt{z} = \sqrt{9z}$; $15\sqrt{z} = 3\sqrt{25z}$.

$2\sqrt{z}$, $\frac{1}{4}\sqrt{z}$, $a\sqrt{z}$, $b^2\sqrt{z}$, $\frac{b^3}{5}\sqrt{z}$, $\frac{2a^2}{c}\sqrt{z}$, $(a-b)\sqrt{z}$, $\frac{2c}{3m}\sqrt{z}$; $0{,}1\sqrt{z}$;

$0{,}2a\sqrt{z}$; $a^n\sqrt{z}$; $6a^3\sqrt{z}$, $\frac{12a^r}{b}\sqrt{z}$; $2\sqrt[3]{z}$; $0{,}4\sqrt[3]{z}$; $\frac{3}{8}\sqrt[3]{z}$, $a\sqrt[3]{z}$,

$\frac{b}{c^2}\sqrt[3]{z}$; $\frac{0{,}3a^2}{m}\sqrt[3]{z}$, $15\sqrt[3]{z}$; $0{,}6\sqrt[3]{z}$; $\frac{1}{14}\sqrt[3]{z}$, $\frac{7}{20}\sqrt[3]{z}$, $\frac{a^p}{b^n}\sqrt[3]{z}$, $a\sqrt[p]{z}$,

$$\frac{\sqrt[n]{z}}{b}, \quad \frac{a^2}{b^3}\sqrt[m]{z}.$$

7. Umgekehrt — kurz: Es sollen Faktoren aus dem Dignanden gezogen, resp. Faktoren unter dem Wurzelzeichen hervorgezogen werden.

z. B. $(2x)^3 = 8x^3$; $\left(\frac{x}{3}\right)^2 = \frac{x^2}{9}$; $\sqrt{16z} = 4\sqrt{z}$, $\sqrt{48z} = 4\sqrt{3z}$,

$$\sqrt{\frac{8z}{63}} = \frac{2}{3}\sqrt{\frac{2z}{7}}.$$

$(2x)^2$, $\left(\frac{x}{4}\right)^2$, $(0{,}1x)^2$, $(ax)^2$, $(a^2bx)^2$, $\left(\frac{a^3b^rx}{c}\right)^2$ $(1{,}2a^px)^2$, $(5x)^3$,

$\left(\frac{x}{2}\right)^3$, $\left(\frac{3x}{4}\right)^2$, $\left(\frac{ax}{2b}\right)^3$, $\left(\frac{a^px}{b^2}\right)^3$, $\left(\frac{0{,}1x}{a}\right)^3$, $\left(\frac{2x}{c^n}\right)^3$, $\left(\frac{ax}{b}\right)^n$.

$\sqrt{36z}$, $\sqrt{\frac{z}{4}}$, $\sqrt{\frac{25z}{9}}$, $\sqrt{0{,}01z}$, $\sqrt{a^2b^4z}$, $\sqrt{\frac{a^6z}{b^{2n}}}$, $\sqrt{108z}$, $\sqrt{54z}$,

$\sqrt{\frac{z}{72}}$, $\sqrt{\frac{z}{a^3}}$, $\sqrt{\frac{b^5z}{a}}$, $\sqrt{\frac{50z}{63a^5}}$; $\sqrt[3]{27z}$, $\sqrt[3]{\frac{z}{8}}$, $\sqrt[3]{a^3z}$, $\sqrt[3]{\frac{0{,}064z}{a^6}}$,

$\sqrt[3]{\frac{27b^9z}{125a^{3p}}}$, $\sqrt[3]{108z}$, $\sqrt[3]{\frac{z}{32}}$, $\sqrt[3]{\frac{a^4z}{b^3}}$, $\sqrt[3]{\frac{8a^4z}{135b^5}}$, $\sqrt[3]{\frac{a^{n+1}z}{b^{2n+3}}}$.

8. Beispiele zu den Formeln:

$$(A^N)^P = A^{NP}; \qquad \sqrt[P]{A}^{\,N} = \sqrt[P]{A^N}$$

$$\sqrt[P]{A^N} = A^{\frac{N}{P}}; \qquad \sqrt[N]{\sqrt[P]{A}} = \sqrt[NP]{A}.$$

$(a^2)^3$, $(a^{-3})^4$, $(a^3)^{-2}$, $(a^{-3})^{-4}$, $(a^{\frac{2}{3}})^3$, $(a^{-\frac{1}{2}})^3$, $(a^{-\frac{3}{2}})^{-\frac{2}{3}}$; $\sqrt{m}^{\,2}$, $\sqrt{\frac{1}{m}}^{\,3}$,

$\sqrt{\frac{a^2}{b}}^{\,5}$, $\sqrt[3]{x}^{\,3}$, $\sqrt[3]{\frac{1}{x}}^{\,2}$, $\sqrt[3]{\frac{2a^2b}{c^3}}^{\,2}$, $\sqrt[3]{\frac{0{,}1a^3b^2}{c^4}}^{\,4}$. — $\sqrt{x^{2m}}$, $\sqrt[3]{\frac{x^{3m}}{z^{3p}}}$,

$\sqrt{z^{2n-1}}$, $\sqrt[3]{\frac{x^{4p}}{z^{3n-2}}}$, $\sqrt[3]{\frac{x^{p+3m}}{z^{3p-m}}}$. — $\sqrt{\sqrt{a}}$, $\sqrt{\sqrt[3]{a}}$, $\sqrt[3]{\sqrt[3]{a}}$, $\sqrt{\sqrt[3]{9}}$,

$\sqrt{\sqrt{\sqrt[3]{a}}}$, $\sqrt[3]{\sqrt[3]{\sqrt{32}}}$.

Umgekehrt sollen folgende Wurzeln höheren Grades durch Wurzeln des 2. und 3. Grades wiedergegeben werden. $\sqrt[4]{a}$, $\sqrt[6]{a}$, $\sqrt[8]{a}$, $\sqrt[9]{a}$, $\sqrt[12]{a}$, $\sqrt[16]{a}$, $\sqrt[18]{a}$, $\sqrt[24]{a}$, $\sqrt[36]{a}$, $\sqrt[48]{a}$ u. s. f.

Wiederholung der in der ersten Gruppe gelehrten Rechnungsoperationen, wobei die Hauptgrößen Potenzen sind.

I. und II. Addiren und Subtrahiren.

(Regel 1 bis 6.)

239. $10a^4+7a^2+(4a^3-12a^4-6a^2)-(13a^3+12a^4-7a)+(11a^3-4a^2)-(16a^4-18a^3-7a^2)+1.$

240. $12x^3-(0{,}4x^2-0{,}7x)+(3x^3-0{,}12x)-(4x^2+0{,}5)-(0{,}6x^4-0{,}9)+(6x^3-\{8x^2+5x\}-10).$

241. $10x^n-(11x^{n-1}-7x^p)+(10x^p-8x^{n-1})-(9x^p-4x^n)+(10x^p-\{3x^n-6x^{n-1}\}-5x^{n-1}).$

242. $\frac{3}{4}x^{-n}-(\frac{2}{3}x^{-p}-\frac{1}{2}x^{-n})+(\frac{1}{5}x^{-n}-\frac{1}{6}x^{-p})-\frac{7}{10}x^{-n}-(\frac{5}{24}x^{-p}-\{\frac{7}{12}x^{-p}+\frac{3}{5}x^{-n}\}-10x^{-n}).$

243. $\frac{0,7}{x} - \left\{\frac{0,3}{x^2} + 0,5 - (6,3x^{-2} + 1,4x^{-1} + 0,3x^0) + \frac{11}{x^2} - \frac{12}{x}\right\}$
$+ 0,3x^{-2} - \frac{1,4}{x^0} - \left\{\frac{3}{x^2} - \frac{0,4}{x} + \left(2x^{-1} - \frac{3}{x}\right) - 3x^{-2}\right\}.$

244. $4a^3 - \frac{2}{a^{-2}} + \left(\frac{5}{a^{-3}} - \left\{6a^2 - \frac{0,1}{a^{-3}} - \frac{0,7}{a}\right\} - 8a^{-1}\right) - \left(3a^3 + \frac{5}{a^{-2}}\right.$
$\left. + \left\{2a^2 - 0,11a^{-1} - \frac{0,9}{a^{-3}}\right\} + \frac{2,2}{a}\right).$

245. $5x^2y^{-3} - 7x^{-2}y^3 - \left(9x^{-2}y^{-3} + \frac{14x^2}{y^3} - \left\{\frac{11}{x^2y^3} - \frac{3y^3}{x^2} + \frac{6y^{-3}}{x^{-2}}\right.\right.$
$\left.\left. - \frac{16x^2}{y^{-3}}\right\} + \frac{18x^{-2}}{y^{-3}}\right) - 4x^2y^3 - \left(\frac{10y^{-3}}{x^{-2}} + \frac{17x^{-2}}{y^3}\right).$

246. $0,7a^{-n}b^p - \left(1,1a^nb^{-p} - \frac{0,3a^n}{b^{-p}} + \frac{2,6b^p}{a^n} - \left\{\frac{3,6}{a^nb^{-p}} - \frac{5,3a^{-n}}{b^{-p}}\right.\right.$
$\left.\left. + \frac{2,43b^{-p}}{a^{-n}}\right\} + \frac{0,5b^p}{a^n}\right) + \frac{0,18a^{-n}}{b^{-p}} - \left(0,9a^nb^p - \frac{11}{a^{-n}b^{-p}}\right).$

247. $11a^{\frac{3}{4}} - (2a^{\frac{2}{3}} - 0,5a^{\frac{1}{2}} + \{0,3a^{\frac{3}{4}} - 0,16a^{\frac{1}{2}}\} - \{0,9a^{\frac{2}{3}} - 0,4a^{\frac{1}{2}}\}$
$+ 0,7a^{\frac{3}{4}} - 0,1a^{\frac{2}{3}}) + 6a^{\frac{1}{2}}.$

248. $4\sqrt[5]{a} - 0,3\sqrt[5]{a^2} - (0,1a^{\frac{1}{5}} - 0,2a^{\frac{2}{5}} + \{\sqrt[3]{a} - 7\sqrt[5]{a^2}\} - 3\sqrt[5]{a} + 0,4\sqrt[5]{a^2})$
$+ 0,7a^{\frac{1}{3}} - 0,8a^{\frac{2}{5}} + 0,1\sqrt[3]{a}.$

249. $\sqrt[3]{x^2} - \frac{2}{\sqrt[3]{x}} - \left(4x^{\frac{1}{2}} - \frac{2}{x^{\frac{1}{3}}} - \{6x^{\frac{2}{3}} - 7x^{\frac{1}{2}}\} + 5\sqrt[3]{x}\right) - 14\sqrt[2]{x}$
$- 17\sqrt[3]{x^9} + x^{\frac{1}{4}} - 4x^{\frac{2}{3}} - (10x^{\frac{1}{2}} - 5x^{\frac{9}{3}} + \{3x^{\frac{1}{3}} - 7\sqrt[3]{x}\} - x^{\frac{1}{2}}).$

250. $4\sqrt[n]{x} - 0,5\sqrt[n]{x^p} + 0,7\sqrt[p]{x^n} - 0,6\sqrt[p]{x} - (x^{\frac{1}{p}} - 4x^{\frac{p}{n}} + 0,3x^{\frac{1}{n}}$
$- 0,2x^{\frac{n}{p}}) + 0,7\sqrt[p]{x} - 0,4x^{\frac{1}{n}} - (0,1\sqrt[p]{x^n} - \sqrt[n]{x^p} + 0,2x^{\frac{1}{p}})$
$- 0,3x^{\frac{p}{n}}.$

III. Multipliziren.

(Regel 7 bis 9.)

251. $(4a^3 - 5a^5 + 7a^7)(0,1a^2 - 0,6a^4 - 0,8a^6)$
$+ (3a^4 - 4a^7)(0,8a - 0,2a^4).$

252. $3(0,4a^4b^3 - 0,7a^3b^5)(2a^6b - 5a^5b^3) + 2(3a^2b - 4ab^3)$
$(0,7a^8b^3 - 0,2a^7b^5) - 6(a^6b^3 - 0,1a^5b^5)(0,3a^4b + 2a^3b^3).$

253. $(0{,}4x^2y^2-0{,}3x^3y^5)(0{,}1x^3y^5-0{,}2x^4y^8)$
$-(6xy^4-2x^2y^7)(0{,}01x^4y^8+0{,}02x^5y^6)$.

254. $(a^3b^{-5}+2a^4b^{-3}-3a^5b^{-1}+5a^6b)(4ab^4-3b^2+8a^{-1}-5a^{-2}b^{-2})$.

255. $(7a^{-1}b^5-4ab^2+5a^3b^{-1}-10a^5b^{-4})(11a^2b^{-5}-8b^{-2}+4a^{-2}b$
$+0{,}2a^{-4}b^4)$.

256. $\left(0{,}2\frac{x}{y}-0{,}5\frac{x^3}{y^4}+0{,}1\frac{x^5}{y^7}\right)\left(0{,}4\frac{y}{x}-2\frac{y^4}{x^3}+0{,}3\frac{y^7}{x^5}\right)$.

257. $(5x^py^r-2x^{p-1}y^{r+2}+3x^{p-2}y^{r+4})(0{,}1x^{q+2}y^{s+1}+0{,}4x^{q+3}y^{s-1}$
$-4x^{q+4}y^{s-3})$.

258. $\left(4a^mb^r-\frac{5b^{2r}}{a^m}+\frac{7b^{3r}}{a^{3m}}\right)\left(0{,}2a^{-m}b^r+0{,}3a^m-0{,}1\frac{a^{3m}}{b^r}\right)$.

259. $\left(x^{-p}y^{2q}-\frac{2x^p}{y^q}-\frac{0{,}5x^{3p}}{y^{4q}}\right)\left(\frac{2y^{-q}}{x^p}+\frac{3y^{2q}}{x^{3p}}-\frac{5y^{5q}}{x^{5p}}\right)$.

260. $(4x^py^{r-1}+0{,}3x^{-p}y^{2r-3}-0{,}5x^{-3p}y^{3r-5})\left(\frac{5y^{r-1}}{x^p}-0{,}8yx^p\right.$
$\left.-0{,}4y^{3-r}x^{3p}\right)$.

261. $(a^{\frac{1}{3}}-2a^{\frac{1}{2}}+3a^{\frac{2}{3}})(0{,}4a^{\frac{1}{6}}-0{,}7a^{\frac{1}{3}}-0{,}9a^{\frac{1}{2}})$.

262. $(5\sqrt{a}-7a+9\sqrt{a^3})(4a^2-0{,}5\sqrt{a^5}+1{,}1a^3)$.

263. $(7\sqrt[3]{x}-4\sqrt[6]{x})(0{,}2\sqrt[3]{x^2}-0{,}1\sqrt{x})-(3\sqrt{x}+0{,}3\sqrt[3]{x})(0{,}4\sqrt[3]{x}$
$-4\sqrt[6]{x})$.

264. $(8\sqrt[4]{m}-3\sqrt{m})(0{,}2\sqrt{m}-m)-(0{,}1\sqrt[4]{m}-0{,}2\sqrt{m})(0{,}3\sqrt[4]{m}$
$+0{,}5\sqrt{m})$.

265. $\left(\frac{4}{\sqrt[6]{x}}-\frac{5}{\sqrt[3]{x}}+\frac{2}{\sqrt[2]{x}}\right)\left(\frac{10}{\sqrt[6]{x}}-0{,}6\sqrt[6]{x}-0{,}2\sqrt[2]{x}\right)$.

266. $\left(\frac{4}{\sqrt[3]{x^2}}-\frac{5}{\sqrt[3]{x}}-0{,}7\sqrt[3]{x}\right)\left(0{,}6\sqrt[6]{x^5}+0{,}7\sqrt[2]{x}-\frac{8}{\sqrt[6]{x}}\right)$.

267. $\left(5\sqrt[3]{a^2}-\frac{9}{\sqrt[4]{a^3}}\right)\left(0{,}4\sqrt[12]{a}-\frac{3}{\sqrt[3]{a^4}}\right)$
$-\left(4\sqrt[4]{a^3}-\frac{0{,}7}{\sqrt[3]{a^2}}\right)\left(0{,}5+\frac{8}{\sqrt[12]{a^{17}}}\right)$.

268. $\sqrt{4x+5x^3-2x^5}\cdot\sqrt{x^4-2x^2+6}$.

269. $\sqrt[3]{1-0{,}1a+0{,}2a^2}\cdot\sqrt[3]{\frac{3}{a}-\frac{0{,}2}{a^2}-\frac{4}{a^3}}$.

Beachte die Beispielgruppe Seite 21 No. 7.

270. $(\sqrt{8}-3\sqrt{32})(\sqrt{18}-2\sqrt{50})$.

271. $(\sqrt{\tfrac{2}{5}}-\sqrt{\tfrac{5}{2}})(\sqrt{\tfrac{8}{45}}-3\sqrt{\tfrac{5}{72}})$.

272. $(\sqrt{\tfrac{3}{7}}+0{,}5\sqrt{\tfrac{1}{21}})(\sqrt{\tfrac{12}{7}}-0{,}2\sqrt{\tfrac{28}{27}})$.

273. $(\sqrt[3]{16}-\sqrt[3]{\tfrac{1}{4}})(\sqrt[3]{4}-0{,}7\sqrt[3]{\tfrac{27}{2}})$.

274. $(\sqrt[3]{\tfrac{1}{9}}-0{,}5\sqrt[3]{24})(\sqrt[3]{\tfrac{9}{8}}-0{,}1\sqrt[3]{\tfrac{1}{3}})$.

275. $(\sqrt[3]{\tfrac{2}{5}}-0{,}6\sqrt[3]{\tfrac{25}{32}})(\sqrt[3]{\tfrac{4}{25}}-0{,}7\sqrt[3]{\tfrac{5}{2}})$.

276. $\left(\sqrt{\frac{2x}{3y}}-\sqrt{\frac{3y}{2x}}\right)\left(\sqrt{\frac{3x}{2y}}+\sqrt{\frac{2y}{3x}}\right)$.

277. $\left(\sqrt{\frac{5a}{12b}}-6\sqrt{\frac{15b}{4a}}\right)\left(4\sqrt{\frac{20a}{3b}}+0{,}3\sqrt{\frac{3b}{45a}}\right)$.

278. $\left(\sqrt[3]{\frac{4a^2}{3b}}-0{,}6\sqrt[3]{\frac{36b^2}{a}}\right)\left(\sqrt[3]{\frac{2a}{9b^2}}-0{,}5\sqrt[3]{\frac{3b}{32a^2}}\right)$.

279. $\sqrt{\sqrt{20}+2}\sqrt{\sqrt{20}-2}+\sqrt{\sqrt{30}-\sqrt{5}}\,.\,\sqrt{\sqrt{30}-\sqrt{5}}$.

280. $\sqrt[3]{\sqrt{10}-\sqrt{2}}\,\sqrt[3]{\sqrt{10}+\sqrt{2}}-\sqrt[2]{\sqrt[3]{10}-\sqrt[3]{6}}\,.\,\sqrt[2]{\sqrt[3]{100}+\sqrt[3]{60}+\sqrt[3]{36}}$.

281. $\sqrt[2]{\sqrt[3]{0{,}05}+\sqrt[3]{0{,}04}}\,.\,\sqrt[2]{\sqrt[3]{0{,}0025}-\sqrt[3]{0{,}002}+\sqrt[3]{0{,}0016}}$
$+\sqrt[3]{\sqrt{30}+\sqrt{3}}\,\sqrt[3]{\sqrt{30}-\sqrt{3}}$.

IV. Dividiren.

(Regel 10 bis 12.)

282. $(24x^5y^7-12x^3y^6+x^5-3x^2y+7x^7y^4+\tfrac{4}{5}x^6y^5):12x^3y^5$.

283. $\left(\tfrac{4}{5}x^3y^2-\frac{2x^4}{3y}+\frac{y^3}{x^2}-\frac{2x^5}{3y^4}+\frac{1}{3xy}+1\right):\frac{2x^3y^2}{3}$.

284. $\left(0{,}10\frac{r^4}{m^5}+2{,}4\frac{r^3}{m^2}-3{,}2rm^3-0{,}32\frac{m^3}{r}+\frac{1{,}6}{m^4r^4}-2\right):0{,}2\frac{r^2}{m^3}$.

285. $\left(\frac{5r^2}{2s^4}-\frac{3s^2}{4r^4}+2r^5s^4+\frac{6}{r^3s^2}-7r+\frac{8s^3}{3r^2}-\frac{2}{s}\right):\frac{3r^5}{4s^2}$.

286. $\Big(\frac{3m^{3p}x^r}{4}-\frac{2m^{p+2}x^{2r}}{3}-\frac{m^{2p-1}x^{r-3}}{2}+\frac{5m^{p+1}}{7x^r}-\frac{x^{3r}}{8m^{2p+1}}$
$+\frac{4}{5x^{2r-2}}+\frac{3}{8m^{p-5}}-\frac{1}{3m^3x^q}-20\Big):\frac{5m^{2p}x^{r+1}}{6}$.

287. $\left(0{,}14d^nk^{s+p}-\frac{3{,}5d^v}{k^{2p}}+28\frac{d^{2n-v}}{k^{s+1}}+0{,}49\frac{k^{p-s}}{d^{2v-n}}-\frac{7}{k^{p-2s}}\right.$
$\left.-0{,}238\frac{k^{p+1}}{d^{n-1}}-4{,}41\frac{k}{d^{3v-2n}}\right):0{,}7\frac{k^{s+2}}{d^{2n-v}}.$

288. $\left(4\sqrt{a}-\frac{5}{\sqrt{a}}+7\sqrt[3]{a^2}+3\sqrt[3]{a}-\frac{2}{\sqrt[3]{a}}+6\sqrt[6]{a}-\sqrt[6]{a^5}-\frac{2}{\sqrt[6]{a}}\right.$
$\left.+8\sqrt[12]{a^5}-4a+5a^2-\frac{12}{a}\right):4\sqrt[3]{a}.$

289. $\left(\frac{1}{2}\sqrt[3]{a^2}\sqrt[4]{b^3}-\frac{2}{3}\sqrt{ab^3}+\frac{4}{5}a^2\sqrt[3]{b}-\frac{3\sqrt{a^5}}{4b^3}-\frac{5}{6}\sqrt[3]{\frac{1}{ab^2}}+\frac{7\sqrt{b}}{10\sqrt[3]{a}}\right.$
$\left.-\frac{1}{3}\sqrt[4]{\frac{b^3}{a}}-\frac{ab}{4}\right):\frac{\sqrt[3]{a}}{5\sqrt{b}}.$

290. $\left(0{,}6\sqrt[3]{mp}-0{,}8\sqrt{\frac{m}{p}}-\frac{0{,}1}{mp}+\sqrt[3]{\frac{p^2}{m}}-0{,}5\sqrt[4]{\frac{m^2}{p^3}}+2\sqrt[4]{\frac{p}{m^3}}\right.$
$\left.-3m\sqrt{p}+\frac{4}{p}\sqrt[3]{m}-\frac{p}{m}\right):0{,}25\sqrt[3]{\frac{p^2}{m}}.$

291. $\left(4c\sqrt[3]{n}-0{,}3n\sqrt{c}+0{,}12\sqrt[3]{\frac{c^2}{n}}-0{,}24\frac{n}{c}-1{,}5\frac{\sqrt{c}}{n^2}+1{,}8\frac{n}{\sqrt{c}}\right.$
$\left.-0{,}42\sqrt{\frac{c}{n^3}}-\frac{21c}{\sqrt[3]{n}}+\frac{6}{nc}\right):\frac{0{,}6\sqrt{c^3}}{n^2}.$

292. $(20a^3b^5-26a^6b^6-a^9b^7+12a^{12}b^8-24a^{15}b^9+9a^{18}b^{10}):$
$(5a^2b^3-4a^5b^4-6a^8b^5+3a^{11}b^6).$

293. $(-1{,}2a^5b^9-45{,}3a^9b^7-480a^{13}b^5):(0{,}2a^3b^4-0{,}3a^5b^3+4a^7b^2).$

294. $\left(\frac{r^8t^5}{8}-\frac{2r^2t^3}{9}+\frac{t^2}{9r}-\frac{t}{72r^4}\right):\left(\frac{r^5t^4}{2}-\frac{2r^2t^3}{3}+\frac{t^2}{6r}\right).$

295. $\left(\frac{4r^6}{25s^6}-\frac{79}{240}+\frac{s^6}{9r^6}\right):\left(\frac{4r^4}{5s^5}-\frac{r}{2s^2}-\frac{2s}{3r^2}\right).$

296. $\left(\frac{1{,}2y^7}{x^6}-\frac{0{,}3}{y}-\frac{0{,}3x^3}{y^5}-\frac{0{,}075x^6}{y^9}\right):\left(\frac{2y^4}{x^2}+x+\frac{0{,}5x^4}{y^4}\right).$

297. $(x^5-32):(x-2).$

298. $(32z^5+243):(2z+3).$

299. $(27x^{12}-1):(3x^4-1).$

300. $\left(\frac{x^3}{8y^6}+64\right):\left(\frac{x}{2y^2}+4\right).$

301. $\left(\frac{16x^4}{81y^{12}} - \frac{81y^8}{16x^4}\right):\left(\frac{2x}{3y^3} + \frac{3y^2}{2x}\right).$

302. $(x^{3p} + y^{6r}):(x^p + y^{2r}).$

303. $\left(\frac{1}{c^{4m}} - \frac{c^4}{d^{8s}}\right):\left(\frac{1}{c^m} - \frac{c}{d^{2s}}\right).$

304. $\left(\frac{1}{c^{4m}} - \frac{c^4}{d^{8s}}\right):\left(\frac{1}{c^m} + \frac{c}{d^{2s}}\right).$

305. $(x^{2m+1} + y^{2m+1}):(x + y).$

306. $(x^p - 1):(x - 1).$

307. $(g^{2n} - k^{2n}):(g + k).$

308. $\left\{\frac{x^n}{(2y)^{3n}} - \frac{(2y)^{4n}}{x^{5n}}\right\}:\left\{\frac{x}{(2y)^3} - \frac{(2y)^4}{x^5}\right\}.$

309. $(10a^6 - 2b^6):(2a^4 - 3a^2b^2 - 5b^4).$ (5 Glieder.)

310. $\left(\frac{4}{3}a^3b^7 - 2b^3 + \frac{1}{a^3b}\right):\left(\frac{2}{3}a^2b^4 - \frac{1}{2a} - \frac{2}{a^4b^4}\right).$ (4 Gl.)

311. $3x^5:(3x^3 - 1).$ (4 Gl.)

312. $(9z^6 + 1):(3z^3 + 1).$ (4 Gl.)

313. $\left(0{,}008a^3c^6 + 0{,}125\frac{c^3}{a^6}\right):\left(0{,}2ac^2 - 0{,}5\frac{c}{a^2}\right).$ (5 Gl.)

314. $\left(\frac{1}{16m^4} + \frac{1}{81p^4}\right):\left(\frac{1}{4m^2} + \frac{1}{9p^2}\right).$ (5 Gl.)

315. $(r^{2p} + s^{2p}):(r + s).$

316. $\left(v^{3n} - \frac{1}{v^{3n}}\right):(v^{4n} - v^{2n} + 1).$ (5 Gl.)

317. $(m - 1):(\sqrt[3]{m} - 1).$

318. $(m - s):(\sqrt[4]{m} - \sqrt[4]{s}).$

319. $(4p^2 - 9r^2):(\sqrt{2p} + \sqrt{3r}).$

320. $\left(32\sqrt[3]{x^5} - \frac{1}{243}\sqrt[3]{y^5}\right):\left(2\sqrt[3]{x} - \frac{\sqrt[3]{y}}{3}\right).$

321. $(x - \sqrt{x^3}):(\sqrt[3]{x} - \sqrt{x}).$

322. $(x^2 - \sqrt[3]{x^4}):(\sqrt{x} - \sqrt[3]{x}).$

323. $1:(1 + \sqrt{x}).$ (5 Gl.)

324. $(1 + \sqrt{2x}):(1 - \sqrt{2x}).$ (5 Gl.)

325. $(2\sqrt{a} - 3\sqrt[3]{a}):(2\sqrt{a} + 3\sqrt[3]{a}).$ (4 Gl.)

326. $\left(\frac{1}{2}\sqrt[3]{\frac{1}{a}} - \frac{2}{3}\sqrt{\frac{1}{a}}\right) : \left(\frac{1}{3}\sqrt{a} - \sqrt[3]{a^2}\right).$ (4 Glieder.)

327. $\left(\sqrt[3]{\frac{1}{c}} + \sqrt[3]{c}\right) : \left(\sqrt[3]{c} - c\right).$ (5 Gl.)

328. $\left(\sqrt[6]{\frac{1}{x}} - 2\sqrt{x}\right) : \left(0{,}5\sqrt[3]{x} + 0{,}2x\right).$ (4 Gl.)

V. Complexschreiben.

Regel 13.

329. $40a^4b^3x^2 - 12a^2b^5x^3 + 16a^3b^4x^4 - 24a^5b^5x^5.$

330. $10a^3c^4s^5 - 15ac^3s^7 + 30a^2c^5s^3 - 45a^3cs^4.$

331. $4\sqrt{a^5b^3c^9} - 6\sqrt{a^3bc^5} + 8\sqrt{a^7b^5c^5} - 10\sqrt{a^3b^5c^7}.$

332. *a)* $3\sqrt{\frac{a}{b}} - 4\sqrt{\frac{b}{a}}.$ *b)* $3\sqrt{abx} - 6\sqrt{\frac{xa}{b}} + 15\sqrt{\frac{bx}{a}}.$

c) $8mn\sqrt[3]{\frac{a^2}{b}} - 12mp\sqrt[3]{\frac{b^2}{a}}.$ *d)* $\sqrt[3]{\frac{a}{b^2}} - \sqrt[3]{\frac{b^2}{a}}.$

e) $\sqrt[3]{\frac{a}{b^2}} - \sqrt[3]{\frac{b}{a}}.$

333. $6\sqrt{m^3p^5x} - 9\sqrt{\frac{mp^7}{x}} + 12\sqrt{\frac{p^3x^5}{m}}.$

334. $0{,}5\sqrt{2a^3bc^7} - 0{,}1\sqrt{50a^5b^5c} + 3{,}5\sqrt{\frac{8ac^3}{b^3}} - 4{,}5\sqrt{\frac{72b^3c^5}{a}}.$

335. $10\sqrt[3]{a^2b^5c^4} - 15\sqrt[3]{a^8b^2c^7} + 25\sqrt[3]{a^5b^8c} - 3{,}5\sqrt[3]{a^{11}b^2c}.$

336. $12\sqrt[3]{a^4bc^5} + 16\sqrt[3]{\frac{ab^4}{c}} - 24\sqrt[3]{\frac{b^7c^2}{a^2}} + 28\sqrt[3]{\frac{a^7c^5}{b^5}}.$

337. $\frac{8a^2b^3}{3m^3x^2} - \frac{56a^3b^5}{15m^2x^4} + \frac{40a^4b}{9mx^3} - \frac{104a^2b^4}{45m^3x^3}.$

338. $\frac{5x^2y^3}{12z^5} - \frac{15x^3y}{28z^2v^3} - \frac{35x^4vy^2}{36z^3} + \frac{65x^5y^4}{24av^2z}.$

In den folgenden Beispielen 339 bis 347 und 348 bis 355 sollen die in den Beispielen vorkommenden Wurzelgrößen nach dem in den Gruppen Seite 21 Nr. 6. resp. Nr. 7. gezeigten Verfahren gleichnamig gemacht und dann addirt werden.

339. $3\sqrt{\frac{2}{3}}+2\sqrt{\frac{3}{2}}-6\sqrt{\frac{1}{6}}+5\sqrt{\frac{3}{5}}-3\sqrt{\frac{5}{3}}+15\sqrt{\frac{1}{15}}$.

340. $5\sqrt{\frac{6}{5}}-10\sqrt{\frac{3}{10}}+60\sqrt{\frac{2}{15}}-9\sqrt{\frac{10}{3}}+16\sqrt{\frac{15}{32}}+\frac{15}{2}\sqrt{\frac{8}{15}}-0{,}2\sqrt{750}$
$+0{,}1\sqrt{3000}$.

341. $3\sqrt{\frac{7}{3}}-10\sqrt{0{,}21}+5\sqrt{\frac{21}{25}}+14\sqrt{\frac{3}{7}}-84\sqrt{\frac{1}{21}}+12a\sqrt{\frac{21}{16}}-30b\sqrt{0{,}21}$.

342. $2\sqrt[3]{\frac{3}{2}}-\frac{1}{2}\sqrt[3]{96}+\frac{1}{3}\sqrt[3]{324}+0{,}3\sqrt[3]{\frac{4}{9}}-10\sqrt[3]{\frac{3}{2}}+60\sqrt[3]{\frac{1}{144}}-\frac{12}{5\sqrt[3]{144}}$.

343. $\frac{2}{3}\sqrt{\frac{3}{2}}-\frac{2}{5}\sqrt{\frac{25}{6}}+\frac{3}{4}\sqrt{\frac{8}{27}}+\frac{3}{2}\sqrt{2\frac{2}{3}}-\frac{14}{9}\sqrt{\frac{3}{2}}+\frac{8}{21}\sqrt{2\frac{1}{24}}$.

344. $\frac{2}{5}\sqrt{\frac{5}{2}}-\frac{2}{3}\sqrt{\frac{9}{10}}+\frac{4}{5}\sqrt{\frac{5}{8}}+0{,}6\sqrt{\frac{5}{18}}-\frac{4}{15}\sqrt{90}+7\frac{1}{2}\sqrt{\frac{8}{125}}$.

345. $\frac{2}{3}\sqrt[3]{\frac{9}{4}}-\frac{4}{5}\sqrt[3]{\frac{125}{12}}+\frac{7}{30}\sqrt[3]{18000}-\frac{3}{2}\sqrt[3]{\frac{16}{81}}+\frac{8}{3}\sqrt[3]{\frac{9}{32}}$.

346. $b\sqrt{\frac{a}{b}}-\frac{x}{c}\sqrt{\frac{abc^2}{x^2}}+4a\sqrt{\frac{b}{a}}-5ab\sqrt{\frac{1}{ab}}+\frac{2ab}{rx}\sqrt{\frac{r^2x^2}{4ab}}$
$+\frac{20b}{m}\sqrt{\frac{0{,}01am^2}{b}}-\frac{16}{ab}\sqrt{\frac{(ab)^3}{16}}$.

347. $\frac{x}{y}\sqrt{\frac{y}{x}}-\frac{3}{y}\sqrt{\frac{xy}{9}}+\frac{4}{xy}\sqrt{x^3y}-0{,}1xy\sqrt{\frac{100}{xy^3}}-\frac{ay}{bx}\sqrt{\frac{b^2x^3}{y^3}}$
$+\frac{3r}{sy}\sqrt{\frac{xy}{9r^2}}$.

348. $\sqrt{72}-\sqrt{50}+\sqrt{8}-\sqrt{32}+3\sqrt{18}-2\sqrt{98}+5\sqrt{200}$.

349. $\sqrt{27}-\sqrt{\frac{12}{25}}+7\sqrt{\frac{48}{49}}-4\sqrt{\frac{75}{64}}+2\sqrt{\frac{3}{9}}-5\sqrt{\frac{1}{3}}+6\sqrt{\frac{1}{75}}-12\sqrt{\frac{1}{27}}$
$+14\sqrt{\frac{3}{40}}$.

350. $\sqrt{90}-5\sqrt{40}+3\sqrt{1000}-2\sqrt{\frac{1}{10}}+4\sqrt{0{,}9}+7\sqrt{\frac{10}{49}}-3\sqrt{\frac{10}{9}}$
$+2\sqrt{\frac{1}{40}}-9\sqrt{\frac{10}{81}}+6\sqrt{2{,}5}$.

351. $4\sqrt[3]{16}-5\sqrt[3]{54}+6\sqrt[3]{\frac{2}{27}}-5\sqrt[3]{2000}+11\sqrt[3]{0{,}016}-5\sqrt[3]{\frac{128}{125}}$
$-0{,}14\sqrt[3]{\frac{250}{343}}+10\sqrt[3]{0{,}002}-16\sqrt[3]{\frac{2}{8}}+7\sqrt[3]{\frac{1}{4}}-10\sqrt[3]{\frac{1}{32}}$.

352. $5\sqrt[3]{80}-3\sqrt[3]{\frac{10}{27}}+7\sqrt[3]{\frac{270}{343}}-4\sqrt[3]{0{,}01}+6\sqrt[3]{\frac{5}{4}}-11\sqrt[3]{\frac{5}{32}}+\sqrt[3]{\frac{2}{25}}$
$-14\sqrt[3]{\frac{0{,}01}{343}}+16\sqrt[3]{\frac{16}{25}}$.

353. $\sqrt{\frac{8ab^3}{c^4}}-\frac{6}{c}\sqrt{\frac{200a^3b}{9c^2}}+7bc\sqrt{\frac{50a^5b}{49c^6}}-\frac{2a}{3d}\sqrt{\frac{18b^5d^2}{25a^7}}$
$+\frac{10ab}{c}\sqrt{\frac{0{,}02c^6}{a^3b^3}}-\frac{5c}{ab}\sqrt{\frac{72a^7b^7}{49c^2}}$.

354. $\sqrt{\frac{27x^3}{8y^5}} - \frac{3}{2xy^4}\sqrt{24x^5y^3} + \frac{9y}{x^3}\sqrt{\frac{25x^9}{54y^7}} - \frac{5x^2y}{7m^2}\sqrt{\frac{147m^4}{50x^3y^3}}$
$+ \frac{4x}{y}\sqrt{\frac{1,5y}{xn^6}}$.

355. $\sqrt[3]{54x^5y} - \frac{4c}{xy^2}\sqrt[3]{\frac{x^8y^7}{32c^3}} + \frac{xn^2}{y}\sqrt[3]{\frac{128y^4}{125xn^6}} - \frac{4x}{z}\sqrt[3]{\frac{0,002}{z^3xy^2}}$
$+ \frac{5y^3}{3x}\sqrt[3]{\frac{27x^8}{4y^8}} - \frac{x^4y^2}{n\sqrt[3]{c}}\sqrt[3]{\frac{250cn^8}{x^7y^5}}$.

356. $4x - 6x^3 + 6x^5 - 9x^7 - 10x^9 + 15x^{11}$.

357. $\frac{a^3b^5}{2} - \frac{2a^4b^3}{3} + 3a^5b^4 - 4a^6b^2 - \frac{a^7b}{4} + \frac{a^8}{3b}$.

358. $\frac{a^5}{c^4} - 0,3\frac{a^4}{c^3} + \frac{10a^2}{c^2} - \frac{3a}{c} - 0,1a + 0,03c$.

359. $2a^4b^5 - 4a^7b^3 + 5a^{10}b - 6a^{11}b^2 + 12a^{14} - \frac{15a^{17}}{b^2}$.

360. $\frac{m^5}{2s^6} - \frac{m^2}{3s^4} - \frac{1}{6ms^2} - \frac{3}{m^2} + \frac{2s^2}{m^5} + \frac{s^4}{m^8}$.

361. $2x^7 + 5x^4 + x - 1,2 - \frac{3}{x^3} - \frac{0,6}{x^6}$.

362. $\frac{0,2a^4}{d^5} - \frac{0,5a^3}{d^3} + \frac{a^2}{d} - d^2 + \frac{2,5d^4}{a} - \frac{5d^6}{a^2}$.

363. $3x^ry^n - 5x^{2r}y^{n+2} + 6x^{3r}y^{2n+1} - 10x^{4r}y^{2n+3}$.

364. $2 - 5a^mc + 4a^{2m}c^p - 10a^{3m}c^{p+1} - 6a^{4m}c^{2p-1} + 15a^{5m}c^{2p}$.

365. $a^n - a^{n-3}b^r - a^{n-5}b^{2r} + a^{n-8}b^{3r} + ab^{4r} - \frac{b^{5r}}{a^2}$.

366. $\frac{a^r}{b^s} - \frac{a^{2r-1}}{b^{s-2}} - \frac{a^{2r+1}}{b^{s-4}} + \frac{a^{3r}}{b^{s-6}} + \frac{1}{ab^s} - a^{r-2}$.

367. $36a^4 - 49b^6 + 12a^5 - 14a^3b^3$.

368. $9x^6 - 24x^3y^2 + 16y^4 - 15x^3y^n + 20y^{n+2}$.

369. $\frac{9x^4}{25y^2} + \frac{6xy}{5} + \frac{y^4}{x^2} - 12x^3 - 20y^3$.

370. $100m^5 - 2m^3s^2 + 0,01ms^4 + \frac{50m^2}{s^2} - 0,5$.

371. $0,75r^6 - 3s^8 - 0,25r^6s + r^3s^5 - s^9$.

372. $\frac{25}{36}+\frac{5x}{3}+x^2+\frac{25}{x^6}-\frac{36}{x^4}$.

373. $x^6-y^6+x^3+y^3$.

374. $8a^3-0{,}001c^6-\frac{2a^2}{c}+0{,}1ac$.

375. $1+\frac{x^6}{125}-10x^8-2x^{10}$.

376. $a^{2p}-6a^pb^r+9b^{2r}+10a^{p+2}b^m-30a^2b^{m+r}$.

377. $m^3-p^{3n}-m^2+p^{2n}$.

378. $25m^{4n}-60m^{2n}s^{3r}+36s^{6r}+\frac{5m}{s^{3r-2}}-\frac{6s^2}{m^{2n-1}}$.

379. $\frac{0{,}125z^{6r}}{y^{3n-6}}+\frac{0{,}027y^{3n+3}}{z^{3r-9}}$.

380. $12\sqrt{a^5x}-16\sqrt{ax^3}-0{,}3\sqrt{a^7bx^3}+0{,}4\sqrt{a^3bx^5}$.

381. $\frac{2}{3}\sqrt{c^5m^4}-\frac{3}{4}\sqrt{c^2m^5}+\frac{1}{9}\sqrt{c^3m^2}-\frac{1}{8}\sqrt{m^3}$.

382. $9a-25c+3\sqrt{a}-5\sqrt{c}$.

383. $x-y+\frac{1}{\sqrt{x}}-\frac{1}{\sqrt{y}}$.

384. $1000x-27x^2+100\sqrt[3]{x^2}-9\sqrt[3]{x^4}$.

385. $1+2\sqrt{3x}+3x-\sqrt{3x^3}-3x^2$.

386. $z-0{,}6\sqrt{z}+0{,}09-\frac{10}{\sqrt{z}}+\frac{3}{z}$.

387. $x^2-z^2+\sqrt{x^3z}+2xz+\sqrt{xz^3}$.

Die nachstehenden Brüche (Nr. 388—395) sollen gehoben werden.

388. $\frac{x^6-2x^3y^4+y^8}{x^0-y^8}$.

389. $\frac{x^5-10x^3\sqrt{y}+25xy}{x^3\sqrt{y}-5xy}$.

390. $\frac{5m^4p^6-10m^3p^7-8mp^9+16p^{10}}{\frac{1}{4}m^2-p^2}$.

391. $\frac{5m-3c}{5m+\sqrt{60mc}+3c}$.

392. $\frac{\sqrt{x^3}-\sqrt{y^3}}{x-y}$.

393. $\frac{c-s}{c-2\sqrt[3]{c^2s}+\sqrt[3]{cs^2}}$.

394. $\frac{1-m}{1-\sqrt{m}-m^2+\sqrt{m^5}}$.

395. $\frac{1-m}{1-\sqrt{m}+m^2-\sqrt{m^5}}$.

Die in den folgenden Beispielen enthaltenen Brüche sollen gleichnamig gemacht und algebraisch addirt werden.

396. $\frac{4b-3a}{6a^3}+\frac{12b^2-15ab}{15a^4}-\frac{19b^3-11a^3}{3a^5}+\frac{17}{10a^2}-\frac{18a^2+25b^2}{6a^4}$.

397. $\frac{4x^3-5y^3}{12x^2y^2}+\frac{2x^2-7xy}{8y^3}-\frac{3x^4+y^4}{6x^4y}$.

398. $\frac{5x^2y^3-11xy^4}{5x^3-4y^3}-\frac{8x^6+2x^2y^4}{3x^2y^2+7y^4}$.

399. $\frac{12x^7-3x^4}{5x^4-1}-\frac{4x^5-2x^2}{3x^2-2}$.

400. $\frac{0{,}4x^4-0{,}5x^2}{7x^3-3}-\frac{2x^6-3x^4}{0{,}1x^2-10}+0{,}2x$.

401. $\frac{7\sqrt{12}-5\sqrt{8}}{2\sqrt{3}}+\frac{2\sqrt{18}-7\sqrt{12}}{3\sqrt{2}}-\frac{3\sqrt{96}-10}{\sqrt{6}}$.

402. $\frac{6\sqrt{2}-7\sqrt{3}}{4\sqrt{5}}+\frac{5\sqrt{2}-4}{2\sqrt{10}}-\frac{2\sqrt{10}+\sqrt{5}}{3\sqrt{2}}+\frac{4\sqrt{20}-9\sqrt{10}}{6}$.

403. $\frac{4\sqrt{5}-3\sqrt{8}}{6\sqrt{5}}+\frac{\sqrt{20}-2\sqrt{2}}{10\sqrt{3}}-\frac{6\sqrt{3}-3\sqrt{80}}{2\sqrt{15}}+\frac{5\sqrt{6}-6\sqrt{5}}{\sqrt{30}}$.

404. $\frac{\sqrt{3x}-1}{\sqrt{4x}-3}-\frac{\sqrt{3x}+1}{\sqrt{4x}+3}$.

405. $\frac{\sqrt{5x^3}-2}{4x^2-5x}-\frac{1}{\sqrt{5x}+2}$.

406. $\frac{\sqrt{5a}+\sqrt{2b}}{3\sqrt{a}-2\sqrt{3b}}-\frac{4\sqrt{a}+5\sqrt{3b}}{2\sqrt{5a}-3\sqrt{2b}}$.

407. $\frac{\sqrt{x+y}}{\sqrt{x}+\sqrt{y}}-\frac{\sqrt{x}-\sqrt{y}}{\sqrt{x+y}}$.

408. $\frac{a^2p^5}{a^4-p^4}-\frac{4a^4p}{a^2-p^2}+\frac{3a^2p^3}{a^2+p^2}-2a^2p$.

409. $\frac{2m^2v^3-3mv^4}{10m^4-40v^4}+\frac{3mv^2-2m^2v}{m^2+2v^2}-\frac{7m-3v}{5}$.

410. $\frac{1+3x^p+5x^{2p}}{1-2x^p+x^{2p}}-\frac{5-7x^p}{4-4x^p}+\frac{3-x^p}{8}$.

411. $\frac{3+\sqrt{x}}{1-\sqrt{x}}+\frac{2-3\sqrt{x}}{1+\sqrt{x}}-\frac{5-2x}{1-x}+\frac{3-\sqrt{x}}{\sqrt{x}}$.

412. $\frac{3\sqrt{x}}{10+2\sqrt{x}} - \frac{5-2\sqrt{x}+3x}{25+10\sqrt{x}+x} - \frac{5-\sqrt{x}}{x} + \frac{1}{\sqrt{x}}$.

413. $\frac{5a-2m}{a-m} - \frac{2\sqrt[3]{a}+3\sqrt[3]{m}}{\sqrt[3]{a}-\sqrt[3]{m}}$.

414. $\frac{\sqrt{a}-\sqrt{c}}{\sqrt{a}+\sqrt{c}} - \frac{\sqrt{ac}}{a-c} + \frac{a\sqrt{ac}}{a^2-c^2}$.

415. $\frac{\sqrt[3]{ms}}{\sqrt[3]{m^2}-\sqrt[3]{s^2}} - \frac{\sqrt[3]{m}+\sqrt[3]{s}}{\sqrt[3]{m}-\sqrt[3]{s}} + \frac{\sqrt[3]{m^2}+\sqrt[3]{s^2}}{\sqrt[3]{ms}}$.

VI. Potenziren.

Die nachstehenden Potenzen von Summen oder Unterschieden sollen in Summen verwandelt werden.

416. $(4a^3b^2+5a^4b^6)^2$.

417. $(2a^2b^5-6a^{-1}b^{-3})^2$.

418. $(0{,}2x^2y^4+0{,}1x^{-1}y^{-3})^3$.

419. $\left(\frac{3a^2b^3}{4c^4} - \frac{4a^{-2}b^{-3}c^4}{5}\right)^3$.

420. $\left(\frac{3a^3}{b^2} + 0{,}1a^2b^4\right)^4$.

421. $(2x^{-2}y^{-3}-3x^3y^2)^4$.

422. $\left(\frac{0{,}2x^{-3}}{y^{-4}} - \frac{4y^{-2}}{x^{-1}}\right)^3$.

423. $\left(\frac{5x^2}{y^3} - \frac{4x}{y^4}\right)^3$.

424. $(ab^3+4a^2b^5)(ab^3-4a^2b^5)$.

425. $\left(\frac{4x^2}{y^3} + \frac{y^3}{4x^4}\right)\left(\frac{y^3}{4x^4} - \frac{4x^2}{y^3}\right)$.

426. $(0{,}1x^{-1}y^3+0{,}2x^{-2}y^{-5})(0{,}1x^{-1}y^3-0{,}2x^{-2}y^{-5})$.

427. $(x^3y^2+xy^4+x^{-1}y^6)(x^3y^2+xy^4-x^{-1}y^6)$.

428. $(5m^2p^{-3}-7m^3p^5+mp^{-2})(5m^2p^{-3}+7m^3p^5-mp^{-2})$.

429. $\left(-\frac{3x^2}{y^3} + 2x^{-1}y + 4x^{-4}y^5\right)\left(\frac{3x^2}{y^3} + 2x^{-1}y - 4x^{-4}y^5\right)$.

430. $(ax^py^r+bx^ry^s)^2$.

431. $\left(\frac{ax^m}{y^p} - \frac{bx^{m+2}}{y^{p+3}}\right)^3$.

432. $(4m^xp^{-y}+2m^{-x-1}p^{-y+2})^3$.

433. $(x^m-x^{m+2}+x^{m+4})(x^m+x^{m+2}-x^{m+4})$.

434. $(x^my^{-p}+x^{m-2}y^{-2p}-x^{m-4}y^{-3p})(x^my^{-p}-x^{m-2}y^{-2p}-x^{m-4}y^{-3p})$.

435. $(8-\sqrt{3})^2+(5+\sqrt{2})^2$.

436. $(2+3\sqrt{5})^2-(3-2\sqrt{\tfrac{1}{5}})^2$.

437. $(\sqrt{7}-\sqrt{2})^2+(\sqrt{5}+\sqrt{6})^2$.

438. $(\sqrt{7}-2\sqrt{5})^2+(3\sqrt{10}+4\sqrt{3,5})^2$.

439. $(\sqrt{\tfrac{1}{6}}-\sqrt{\tfrac{2}{3}})^2+(4\sqrt{\tfrac{1}{14}}+3\sqrt{\tfrac{2}{7}})^2$.

440. $(\sqrt{a}-\sqrt{5b})^2+(0,1\sqrt{5a}+0,3\sqrt{b})^2$.

441. $(\sqrt{4ab}+\sqrt{3ac})^2-\left(\sqrt{\frac{3b}{2m}}-\sqrt{\frac{2c}{9m}}\right)^2$.

442. $(\sqrt{2a^3bc^5}+\sqrt{8ab^5c^3})^2+\left(\sqrt{\frac{2a}{bc^3}}-\sqrt{\frac{b^3}{18a^5c^7}}\right)^2$.

443. $(\sqrt{2x}+\sqrt{4x^3}-\sqrt{7x^5})^2$.

444. $(\sqrt{6x^3}-2\sqrt{3x^7}-9\sqrt{2x^{11}})^2$.

445. $\left(a\sqrt{2ax}-3b\sqrt{8x^5a^{-3}}+2c\sqrt{\frac{x^9a^{-7}}{2}}\right)^2$.

446. $\left(3a\sqrt{\frac{b}{a}}-4b\sqrt{a^3b^5}-\frac{2c}{b}\sqrt{\frac{1}{a^5b^3}}\right)^2$.

447. $(\sqrt{3a^{p+1}b^{p-1}}-0,2\sqrt{0,3a^{p-3}b^{p+1}}+5\sqrt{30a^{2p-5}b^{-2p+1}})^2$.

448. $(\sqrt[3]{4}-\sqrt[3]{2})^2-(0,5\sqrt[3]{6}-2\sqrt[3]{9})^2$.

449. $(\sqrt[3]{\tfrac{1}{3}}-2\sqrt[3]{5})^2-(3\sqrt[3]{12}+2\sqrt[3]{18})^2$.

450. $(\sqrt[3]{a^2b}-2\sqrt[3]{ab^5})^2-\left(0,2\sqrt[3]{\frac{3a}{b^2}}-4\sqrt[3]{\frac{9b}{a^5}}\right)^2$.

451. $(0,5\sqrt[3]{x}-0,2\sqrt[3]{x^2}+0,4\sqrt[3]{x^5})^2$.

452. $\left(\frac{b}{a}\sqrt[3]{\frac{a^2}{b}}-\frac{3a^2}{b}\sqrt[3]{ab^5}+4ab^2\sqrt[3]{\frac{a^2}{b^8}}\right)^2$.

453. $\left(4\sqrt[3]{\frac{x}{y}}-2\sqrt[3]{\frac{x^p}{y^r}}+0,3\sqrt[3]{\frac{x^{2p+1}}{y^{2r-1}}}\right)\left(4\sqrt[3]{\frac{x}{y}}-2\sqrt[3]{\frac{x^p}{y^r}}-0,3\sqrt[3]{\frac{x^{2p+1}}{y^{2r-1}}}\right)$.

454. $(\sqrt{10}+\sqrt{3})^3$.

455. $(\sqrt{0,1}+4\sqrt{10})^3$.

456. $(0,4\sqrt{5a}-2\sqrt{6b})^3$.

457. $(\sqrt{x}-\sqrt{x^3}+\sqrt{x^5})^3$.

458. $(\sqrt[3]{18}+\sqrt[3]{6})^3$.

459. $(0,2\sqrt[3]{5}-3\sqrt[3]{0,2})^3$.

460. $(\tfrac{1}{2}\sqrt[3]{4}-2\sqrt[3]{\tfrac{1}{2}})^3$.

461. $\left(\frac{2}{y}\sqrt[3]{x^2y}+\frac{y}{2x}\sqrt[3]{\frac{x}{y^2}}\right)^3$.

462. $\left(3x^2\sqrt[3]{\frac{x^p}{2y^r}}-4x\sqrt[3]{\frac{x^{p+2}}{y^{r-2}}}\right)^3$.

463. $(0,2x^{-2}\sqrt[3]{x^py^{-r}}+3x^{-1}\sqrt[3]{x^{-2p}y^{3r}})^3$.

VII. Berechnung von Quadrat- und Kubikwurzeln.

A. Quadratwurzeln.

Gieb die Quadrate folgender Zahlen an:

464. *a)* 8593 — *b)* 2487 — *c)* 3649 — *d)* 4513 — *e)* 511,7 — *f)* 0,4219 — *g)* 0,7016 — *h)* 1000,37 — *i)* 0,090054 — *k)* 208,004.

Demnach berechne die Quadratwurzeln der Zahlen:

465. *a)* 401956 — *b)* 328329 — *c)* 6180196 — *d)* 65723449 — *e)* 69322276 — *f)* 2442969 — *g)* 16257024 — *h)* 662,5476 — *i)* 100172,25 — *k)* 0,25928464 — *l)* 0,000064064016 — *m)* 100,2001.

Gieb von den Quadratwurzeln der folgenden Zahlen 5 Ziffern an:

466. *a)* 7 — *b)* 70 — *c)* 10 — *d)* 243 — *e)* 345,973 — *f)* 0,3149 — *g)* 0,101 — *h)* 0,07348 — *i)* 0,9 —

und ebenso von den folgenden periodischen Dezimalbrüchen:

467. *a)* 3,666... — *b)* 52,71971... — *c)* 0,01854018... — *d)* 0,444... — *e)* 0,694722... — *f)* 0,3402777....

18. Regel. Soll man die Wurzel aus einem Bruche ziehen, so ziehe man sie aus Zähler und Nenner, sorge aber zunächst dafür, daß die Wurzel aus dem Nenner rational wird — verwandele also, wenn dieß für den gegebenen Nenner nicht der Fall ist, entweder vor dem Radiziren den Bruch in einen Dezimalbruch, oder erweitere den Bruch so, daß der Nenner eine Quadratzahl wird.

Hiernach berechne die Wurzeln der folgenden Zahlen auf 5 Ziffern:

468. *a)* $\frac{5}{9}$ — *b)* $\frac{3}{7}$ — *c)* $\frac{15}{28}$ — *d)* $1\frac{2}{3}$ — *e)* $4\frac{12}{13}$ — *f)* $7\frac{4}{11}$ — *g)* $63\frac{75}{101}$ — *h)* $1010\frac{1}{2}$ — *i)* $42\frac{17}{35}$.

Gieb die Wurzeln der nachstehenden abgekürzten Dezimalbrüche so genau als möglich an:

469. *a)* 17,30714... — *b)* 6,584... — *c)* 0,297458... — *d)* $\frac{269{,}735\ldots}{172}$ — *e)* $\frac{1{,}689354\ldots}{156}$ — *f)* $\frac{1}{52347{,}\ldots}$ — *g)* $\frac{35}{628359{,}\ldots}$.

Bemerkung. Hat man einen Bruch mit mehrgliedrigem irrationalen Nenner zu berechnen, so beginne man die Ausrechnung wieder damit, daß man den Nenner rational macht — nach einem der folgenden Schemata:

$$\frac{z}{a+\sqrt{b}} = \frac{z(a-\sqrt{b})}{a^2-b}; \qquad \frac{z}{a-\sqrt{b}} = \frac{z(a+\sqrt{b})}{a^2-b}.$$

$$\frac{z}{\sqrt{a}+\sqrt{b}} = \frac{z(\sqrt{a}-\sqrt{b})}{a-b}; \qquad \frac{z}{\sqrt{a}-\sqrt{b}} = \frac{z(\sqrt{a}+\sqrt{b})}{a-b}.$$

470. $\frac{518}{5-\sqrt{7}}$; **471.** $\frac{2,58}{10+\sqrt{3}}$; **472.** $\frac{1}{\sqrt{5}-\sqrt{2}}$;

473. $\frac{\sqrt{6}}{\sqrt{6}-1}$; **474.** $\frac{\sqrt{10}+1}{\sqrt{10}-1}$; **475.** $\frac{\sqrt{12}-\sqrt{2}}{\sqrt{3}+\sqrt{2}}$.

476. $\frac{10}{5\sqrt{2}-4\sqrt{3}}$; **477.** $\frac{4-3\sqrt{5}}{5-2\sqrt{5}}$; **478.** $\frac{5-2\sqrt{3}+3\sqrt{2}}{2\sqrt{3}+3\sqrt{2}}$.

479. $\frac{5\sqrt{3}+7\sqrt{5}}{4\sqrt{5}-2\sqrt{3}}$. **480.** *a)* $\sqrt[4]{10}$. *b)* $\sqrt[4]{35,72}$.

481. $\frac{\sqrt[3]{2}-\sqrt[4]{2}}{\sqrt[3]{2}-\sqrt[4]{2}}$. **482.** $\frac{2\sqrt[4]{3}}{1-\sqrt[4]{3}}$.

483. $\sqrt{a^2+4ab+6ac+4b^2+12bc+9c^2}$.

484. $\sqrt{4a^6-12a^8b^2+16a^3b^4+9a^{10}b^4-24a^5b^6+16b^8}$.

485. $\sqrt{9-12x+34x^2-20x^3+25x^4}$.

486. $\sqrt{\frac{x^{14}}{4}-\frac{x^{12}}{3}-\frac{13x^{10}}{45}+\frac{19x^8}{15}-\frac{38x^6}{75}-\frac{4x^4}{5}+x^2}$.

487. $\sqrt{0,25m^4p^6-0,2m^5p^5-3,96m^6p^4+1,6m^7p^3+16m^8p^2}$.

488. $\sqrt{4z^6-0,8z^4-1,16z^2+4,92-\frac{0,39}{z^2}-\frac{0,72}{z^4}+\frac{1,44}{z^6}}$.

489. $\sqrt{\frac{m^4}{4s^6}-\frac{2}{s^2m}+\frac{14s^2}{3m^6}-\frac{8s^6}{3m^{11}}+\frac{4s^{10}}{9m^{16}}}$.

490. $\sqrt{\frac{0,04m^2}{c}+0,12-\frac{0,31c}{m^2}-\frac{0,6c^2}{m^4}+\frac{c^3}{m^6}}$.

491. $\sqrt{\frac{9a}{b}-4-\frac{34b}{45a}+\frac{4b^2}{15a^2}+\frac{b^3}{25a^3}}$.

492. $\sqrt{0,01a^{2m}c^{2r}-2a^{3m}c^{2r+1}+100,04a^{4m}c^{2r+2}-4a^{5m}c^{2r+3}+0,04a^{6m}c^{2r+4}}$.

493. $\sqrt{0,09x^{2r}-0,12x+\frac{3,04}{x^{2r-2}}-\frac{2}{x^{4r-3}}+\frac{25}{x^{6r-4}}}$.

494. $\sqrt{\frac{0,16m^{2p}}{c^3} - \frac{2,4m^{p-1}}{c} + \frac{8,28c}{m^2} + \frac{5,4c^3}{m^{p+3}} + \frac{0,81c^5}{m^{2p+4}}}$.

495. *a)* $\sqrt{1+z}$ auf 5 Glieder zu berechnen;
danach: *b)* $\sqrt{1,2}$ (auf 5 Stellen genau)
c) $\sqrt{1,01}$ (auf 10 Stellen genau)

496. *a)* $\sqrt{1-z}$ (5 Gl.)
b) $\sqrt{\frac{8}{9}}$ (6 Stellen)
c) $\sqrt{0,999}$ (12 Stellen).

497. *a)* $\sqrt{\frac{1}{1-z}}$ (5 Gl.)
b) $\sqrt{\frac{125}{124}}$ (8 Stellen.)

498. *a)* $\sqrt{\frac{1}{1+z}}$ (5 Gl.)
b) $\sqrt{\frac{50}{51}}$ (8 Stellen.)

499. *a)* $\sqrt{a+b}$ (5 Gl.)
b) $\sqrt{11}$ (9 Stellen.)

500. *a)* $\sqrt{a-b}$ (5 Gl.)
b) $\sqrt{9999}$ (10 Stellen.)

501. $\sqrt{1-2x+3x^2-4x^3}$ (5 Gl.)

502. $\sqrt{\frac{1}{1+2x-3x^2}}$ (5 Gl.)

503. $\sqrt{\frac{10}{1-z} - \frac{10}{1+z}}$ (5 Gl.)

504. $\sqrt{\frac{18z+1}{z^2+6z+9} + \frac{7}{z+3}}$ (4 Gl.)

505. $\sqrt{(5z+4)(5z-4)}$ (5 Gl.)

506. $\sqrt{\frac{a}{b} + \frac{2b}{a^2} + \frac{3b^3}{a^5} + \frac{4b^5}{a^8}}$ (4 Gl.)

507. $\sqrt{a^{2n} - a^{n+2}b^{n-2} + a^4b^{2n-4}}$ (4 Gl.)

508. $\sqrt{\frac{m^p}{v^{2q}} - \frac{v^q}{m^{2p}}}$ (4 Gl.)

B. Kubikwurzeln.

Gieb die Kuben folgender Zahlen an:

509. *a)* 5247 — *b)* 9685 — *c)* 46,31 — *d)* 6904 — *e)* 0,07201 — *f)* 1,0015.

Danach berechne die Kubikwurzeln der Zahlen:

510. *a)* 95569357248 — *b)* 12406605875 — *c)* 176369,715712 — *d)* 0,352943569763 — *e)* 1,125188511201 — *f)* 343735,525125 — *g)* 0,000729729243027 —,

ferner die 4 ersten Ziffern der Kubikwurzeln von:

511. *a)* 1257 — *b)* 125,7 — *c)* 12,57 — *d)* 96 —
e) 0,8 — *f)* 0,05 — *g)* 85,01 — *h)* 0,009 —

ebenso die 4 ersten Ziffern von den Kubikwurzeln der periodischen Dezimalbrüche:

512. *a)* 200,104504… — *b)* 0,25757… — *c)* 2,37037… —
d) 0,0594259…

und weiter die 4 ersten Ziffern der Kubikwurzeln aus den Brüchen (vgl. 18. Regel)

513. *a)* $\frac{5}{7}$ — *b)* $\frac{1}{13}$ — *c)* $\frac{17}{36}$ — *d)* $\frac{2}{45}$ — *e)* $1\frac{7}{9}$.

Bemerkung. Will man den Nenner eines zu berechnenden Bruches, in welchem (dem Nenner) eine Kubikwurzel enthalten ist, rational machen, so wird man, wenn der Nenner eingliedrig ist, der Formel sich bedienen:

$$\frac{b}{\sqrt[3]{a}} = \frac{b\sqrt[3]{a^2}}{a}, \quad \text{oder} \quad \frac{b}{\sqrt[3]{a^2}} = \frac{b\sqrt[3]{a}}{a}.$$

Ist der Nenner dagegen zweigliedrig, so würde man sich der Formel zu bedienen haben:

$$\frac{m}{a+\sqrt[3]{b}} = \frac{m(a^2 - a\sqrt[3]{b} + \sqrt[3]{b^2})}{a^3+b}.$$

$$\frac{m}{a-\sqrt[3]{b}} = \frac{m(a^2 + a\sqrt[3]{b} + \sqrt[3]{b^2})}{a^3-b}.$$

Uebrigens wird hierbei in jedem einzelnen Falle zu überlegen sein, ob aus dem Rationalmachen des Nenners wirklich eine Vereinfachung der Rechnung entspringt oder nicht. — Hiernach berechne auf 4 Ziffern:

514. $\frac{4}{\sqrt[3]{2}}$.

515. $\frac{15}{\sqrt[3]{2,5}}$.

516. $\frac{\sqrt[3]{2}+\sqrt[3]{0,5}}{\sqrt[3]{4}}$.

517. $\frac{0,3+\sqrt[3]{10}}{\sqrt[3]{100}}$.

518. $\frac{17-\sqrt[3]{144}}{\sqrt[3]{18}}$.

519. $\frac{5-\sqrt[3]{3}}{1+5\sqrt[3]{3}}$.

520. $\frac{2\sqrt[3]{3}+4\sqrt[3]{9}}{2\sqrt[3]{9}-1}$.

521. $\frac{3,2\sqrt[3]{6}-12\sqrt[3]{0,036}}{2\sqrt[3]{6}+3}$.

522. $\dfrac{1}{2\sqrt[3]{2}+\sqrt[3]{4}}$.

523. $\dfrac{1}{2-\sqrt[3]{5}}$.

524. $\dfrac{\sqrt[3]{2}+1}{\sqrt[3]{4}+\sqrt[3]{2}+1}$.

525. $\dfrac{1}{\sqrt[3]{0,25}-\sqrt[3]{0,5}+1}$.

526. *a)* $\sqrt[6]{10}$. *b)* $\sqrt[6]{0,3}$.

527. $\sqrt[3]{a^3+6a^2b-9a^2c+12ab^2-36abc+27ac^2+8b^3-36b^2c+54bc^2-27c^3}$.

528. $\sqrt[3]{1-\frac{3x}{2}+6\frac{3}{4}x^2-6\frac{1}{8}x^3+13\frac{1}{2}x^4-6x^5+8x^6}$.

529. $\sqrt[3]{0,008m^3-0,012m^5-0,354m^7+0,359m^9+5,31m^{11}-2,7m^{13}-27m^{15}}$.

530. *a)* $\sqrt[3]{1+z}$ (auf 4 Glieder) und danach

b) $\sqrt[3]{1,2}$ (4 Ziffern)

531. *a)* $\sqrt[3]{\dfrac{1}{1+z}}$ (auf 4 Gl.)

b) $\sqrt[3]{\frac{10}{11}}$ (5 Ziffern)

532. *a)* $\sqrt[3]{\dfrac{1}{1-z}}$ (4 Gl.)

b) $\sqrt[3]{\frac{5}{4}}$ (4 Ziffern)

533. *a)* $\sqrt[3]{a^3+b}$ (4 Gl.)

b) $\sqrt[3]{700}$ (5 Ziffern)

534. $\sqrt[3]{1-z+2z^2}$ (4 Gl.)

535. $\sqrt[3]{\dfrac{z}{x}-\dfrac{x^2}{z}+\dfrac{x^5}{z^3}}$ (4 Gl.)

536. *a)* $\sqrt[6]{1+z}$ (4 Gl.)

b) $\sqrt[6]{1,01}$ (5 Stellen)

537. *a)* $\sqrt[3]{a^6+b}$ (4 Gl.)

b) $\sqrt[6]{500}$ (5 Ziffern)

538. *a)* $\sqrt[6]{\dfrac{1}{1+z}}$ (4 Gl.)

b) $\sqrt[6]{0,9}$ (5 Stellen)

539. *a)* $\sqrt[9]{1+z}$ (4 Gl.)

b) $\sqrt[9]{1,1}$

540. *a)* $\sqrt[9]{\dfrac{1}{1-z}}$ (4 Gl.)

b) $\sqrt[9]{\frac{10}{9}}$ (5 Stellen)

VIII. Logarithmen.

Erklärung: Ist $b^c = n$, so nennt man

$$c = \log^b n.$$

Gieb hiernach an:

$\log^2 8$, $\log^2 \frac{1}{8}$, $\log^{\frac{1}{2}} \frac{1}{8}$, $\log^8 2$, $\log^{\frac{1}{8}} 2$, $\log^8 \frac{1}{2}$, $\log^{\frac{1}{8}} \frac{1}{2}$; $\log^{10} 100$, $\log^{10} 1000$, $\log^{10} 1000000$, $\log^{10} 0{,}1$, $\log^{10} 0{,}001$, $\log^{10} 0{,}000001$; $\log^{10} 10$, $\log^{10} 1$, $\log^{1} 10$, $\log^{10} 0$, $\log^a a$, $\log^a 1$, $\log^{0,1} 1$, $\log^{0,1} 0$, $\log^{0,1} 10$, $\log^{0,01} 0{,}1$; $\log^{-2}(-8)$, $\log^{-\frac{1}{2}}(-\frac{1}{8})$, $\log^{-\frac{1}{8}}(-\frac{1}{2})$, $\log^{-2}(-\frac{1}{8})$, $\log^{-8}(-\frac{1}{2})$; $\log^{-3} 9$, $\log^{-\frac{1}{3}} \frac{1}{9}$, $\log^9(-\frac{1}{8})$, $\log^{-9} 3$.

19. Regel. Es ist für jede Basis b

$$\log(pq) = \log p + \log q$$

$$\log \frac{p}{q} = \log p - \log q$$

$$\log p^q = q \log p$$

$$\log \sqrt[q]{p} = \frac{\log p}{q}.$$

Es sollen die Brigge'schen Logarithmen der nachfolgenden Produkte (P), Quotienten (Q), Potenzen (D), Wurzeln (R) und anderer aus ihnen zusammengesetzten Ausdrücke (S) — und danach diese P, Q etc. selbst — aus den Logarithmentafeln berechnet werden.

541. *a)* $P = 43{,}978 . 9635{,}4$; *b)* $P = 0{,}8752 . 0{,}0069432$; *c)* $P = 0{,}012345 . 5456{,}23$; *d)* $P = 456{,}21 . 0{,}09701 . 0{,}19584$.

542. *a)* $Q = \frac{4563{,}217}{289{,}7652}$; *b)* $Q = \frac{24{,}589}{37{,}697}$; *c)* $Q = \frac{0{,}573286}{245{,}675}$; *d)* $Q = \frac{0{,}095482}{0{,}0072653}$; *e)* $Q = \frac{0{,}59842}{0{,}096543}$; *f)* $Q = \frac{234{,}975}{0{,}018652}$; *g)* $Q = \frac{0{,}00359}{452{,}76}$.

543. *a)* $Q = \frac{65457 . 89{,}235}{0{,}15429 . 630{,}18}$; *b)* $Q = \frac{0{,}09287 . 13\frac{3}{4}}{576\frac{3}{8} . 0{,}001295}$; *c)* $Q = \frac{0{,}18543 . 24\frac{2}{3}}{52{,}569 . 15\frac{1}{2}}$; *d)* $Q = \frac{0{,}0954273 . 60}{546{,}853 . 0{,}53267}$.

544. *a)* $D = 326,754^2$; *b)* $D = 5,47268^3$; *c)* $D = 0,9542^3$;
d) $D = 0,003875^5 \ldots$; *e)* $D = 0,1762^{1,4} \ldots$; *f)* $D = 7,61802^{0,15} \ldots$;
g) $D = \left(\frac{576,284}{93,0018}\right)^2$.

545. *a)* $Q = \frac{0,05432^3}{0,67285^2}$; *b)* $P = \left(\frac{0,06318}{214,52}\right)^3 \cdot 125\tfrac{2}{3}$;
c) $P = \frac{125,94^3}{198,54^{1,5}} \cdot 104\tfrac{5}{9}$.

546. *a)* $R = \sqrt[2]{117\tfrac{3}{8}}$; *b)* $R = \sqrt[3]{\frac{0,925476}{1,23685}}$;
c) $R = \sqrt{\frac{0,2387 . 156\tfrac{2}{3}}{0,0184 . 12736}}$; *d)* $R = \sqrt[5]{0,08234}$;
e) $R = \sqrt[10]{\frac{0,006943584}{5,708521}}$.

547. *a)* $P = \frac{10}{16\tfrac{5}{9}} \sqrt{\frac{134^3}{0,01584}}$; *b)* $Q = \frac{0,0158 \sqrt{160\tfrac{1}{9}}}{7,364 \sqrt[3]{513}}$;
c) $P = 0,258^{1,2} \sqrt[4]{63,15942}$.

548. *a)* $S = \frac{\sqrt[3]{5,624} + 0,974}{\sqrt{638\tfrac{1}{4}}}$; *b)* $S = 9,0854^2 (16,582 - \sqrt{25,834})$;
c) $S = (\sqrt[5]{5} - \sqrt[10]{10}) \frac{1}{19,26354}$;
d) $S = \sqrt[3]{\frac{519,2 - 13,574^2}{468,76}}$;
e) $S = \frac{\sqrt{7\tfrac{1}{3}} - 10^{1,5}}{10^{1,5} - 15}$; *f)* $S = \frac{\sqrt[5]{3} - 1,001^2}{\sqrt[3]{9} - \sqrt[2]{10}}$;
g) $S = \frac{\sqrt{0,009234} + \sqrt{0,1837}}{\sqrt{0,1837} - \sqrt{0,009234}}$; *h)* $S = \sqrt[3]{\frac{0,6 - \sqrt{0,5}}{114,23^2}}$.

Es soll die Unbekannte x aus folgenden Gleichungen berechnet werden:

549. $100^x — 236,5843$.
550. $573,73^x = 97\tfrac{1}{3}$.
551. $0,15874^x = 0,0076543$.
552. $0,001^x = 0,87429$.
553. $5,16429^x = 0,516429$.
554. $0,098726^x = 10$.
555. $61,705^x = 0,39624$.
556. $4,823571^x = 0,9543628$.
557. $\left(\tfrac{763}{127}\right)^x = \sqrt[2]{571,38}$.
558. $\left(\frac{0,19854}{0,27632}\right)^x = \left(\tfrac{1}{5}\right)^5$.

559. $\sqrt[3]{0{,}29154^{x}} = 0{,}0001.$

560. $(0{,}06234 . 0{,}82731)^{x} = \sqrt[3]{12}.$

561. $582{,}139^{3x} = 1257{,}46.$

562. $\frac{12{,}54}{19{,}73^{4x}} = 485{,}93.$

563. $\left(\frac{0{,}09751}{4{,}5862}\right)^{5x-2} = 0{,}76345.$

564. $\sqrt[4]{0{,}62851^{x-1}} = 0{,}9543^{2x-3}.$

565. $\sqrt[x]{63\tfrac{5}{18}} = 15.$

566. $\sqrt[x]{\frac{0{,}3714}{0{,}06918}} = 0{,}254347.$

567. $\sqrt[x]{\frac{9{,}4237}{135{,}684}} = 12{,}724.$

568. $\frac{\sqrt[x]{13}}{124} = \frac{125}{\sqrt[x]{12}}.$

569. $x^{1,2} = 0{,}1.$

570. $\left(\frac{1}{x}\right)^{2,5} = 0{,}97.$

571. $\frac{10}{x} = (19\tfrac{3}{4})^{5}.$

572. $0{,}1x = \sqrt[3]{\tfrac{6495}{5287}}.$

573. $17{,}5x^{\frac{2}{3}} = \sqrt[2]{0{,}195407}.$

574. $(5x)^{2,4} = \frac{1}{15{,}9}.$

Es sollen die natürlichen Logarithmen (log zur Basis $e = 2{,}718281828\ldots$) angegeben werden von den Zahlen

575. *a)* 10 — *b)* 1,345 — *c)* 0,38576 — *d)* 0,0038576 — *e)* 38,576 — *f)* $\frac{5}{7}$ — *g)* $12\frac{4}{9}$ — *h)* $\sqrt[2]{17{,}58}.$

Dritte Gruppe.

Gleichungen.

20. Regel. Man darf ein Glied einer Gleichung von einer Seite auf die andere setzen, wenn man dabei sein Vorzeichen wechselt. — Man darf einen Faktor eines Gliedes weglassen, wenn man auch alle übrigen Glieder durch diesen Faktor dividirt. — Man darf den Nenner eines Gliedes weglassen, wenn man auch alle übrigen Glieder mit demselben multiplizirt. Mehre Nenner in einer Gleichung gleichzeitig fortzuschaffen, multiplizire man jedes Glied der Gleichung mit dem kleinsten Vielfachen dieser Nenner. —

Man darf beide Seiten (!) einer Gleichung auf dieselbe Potenz erheben — aus beiden Seiten (!) Wurzeln desselben Grades ziehen. — Uebe jede Vorschrift aus dem ersten Theil der vorstehenden Regel an folgenden Beispielen:

a) $5x+3-7x+8x=\frac{3x}{4}-15x+7-\frac{5x}{9}+10.$

b) $4a-\frac{2b}{3}+7x-9+\frac{5x}{6}=0{,}5-\frac{5a}{12}+\frac{3b}{2}-0{,}3x.$

c) $2(3-x)-\frac{3x}{5}=4(5-2x)+6x-1.$

d) $(a+b)x-3(a-b)=5m-b(a-x).$

e) $\frac{5-3x}{2}+\frac{7x}{3}-\frac{5}{4}+\frac{3x-7}{12}=12-\frac{4-5x}{15}+5x.$

f) $\frac{7-3x}{3x+2}-\frac{4-3x}{x}+5-x=\frac{12}{9x+6}-0{,}1-\frac{0{,}2}{3x}.$

g) $\frac{4-x}{2x+1}-\frac{5+x}{2x-1}-7x=\frac{3}{4x}-0{,}6+\frac{7x-3}{4x^2-1}.$

h) $\frac{a+x}{2b}-\frac{b-x}{3a}+m=3x-\frac{5a-2x}{4a}+\frac{2b-5a}{3b}.$

i) $\frac{2a-x}{a^2-b^2}+\frac{3a+b}{a-b}=\frac{5b-x}{a+b}-2.$

k) $\frac{5amx}{a+b}+5m-x-\frac{a(10m-1)-b}{2(a-b)}=\frac{a^2+b^2}{2(a^2-b^2)}-\frac{bx(2a+b)}{(a+b)^2}.$

21. Regel. Soll aus einer Gleichung die Unbekannte berechnet werden, so löse man alle Klammern auf, in denen die Unbekannte auftritt; beseitige, wenn nicht alle Nenner, so doch diejenigen, in welchen die Unbekannte vorkommt; schaffe alle Glieder mit der Unbekannten auf eine Seite der Gleichung, die ohne Unbekannte auf die andere Seite derselben; und addire schließlich auf jeder Seite die Glieder mit derselben Hauptgröße. So entsteht die reducirte Gleichung:

$$\cdots+mx^3+nx^2+px=s,$$

wo x die Unbekannte bezeichnet. —

1. Welches sind die reducirten Gleichungen der oben *a)* bis *i)* betrachteten Beispiele?

1. Gleichungen des ersten Grades.

22. Regel. Die reducirte Gleichung des ersten Grades

$$px=s$$

zu erfüllen, muß

$$x = \frac{s}{p}$$

gesetzt werden.

Gieb danach das x an, welches die Gleichungen erfüllt:

$$5x = 10;\ 3x = 1;\ \tfrac{1}{3}x = 9;\ \frac{4x}{5} = 7;\ 3\tfrac{2}{3}x = 12;\ 0{,}3x = 2;\ 0{,}4x = 0{,}24;$$

$$-3x = 1{,}8;\ 0{,}5x = -\frac{1}{7};\ -1{,}2x = -24;\ -\frac{5x}{3} = \frac{5}{7};\ 6ax = \frac{1}{3b};$$

$$-0{,}1ax = 2b;\ \frac{4x}{a} = -2b;\ -\frac{3ax}{b} = -\frac{6a}{b};\ \frac{3ax}{b} = -\frac{b}{6a};$$

$$3{,}7ax = -5{,}9b;\ (a+b)x = a^2 - b^2;\ (a-b)x = b - a;$$

$$(a^2 - b^2)x = a^2b - ab^2.$$

Es soll aus den folgenden Gleichungen die (mit x bezeichnete) Unbekannte berechnet werden. — Man reducire dazu die gegebenen Gleichungen (nach Regel 20. und 21.) und löse die reducirte Gleichung nach der 22. Regel auf.

2. $3x - 7 + 2x + 10 = 5x - 12 - 4x + 31.$

3. $5x - 19 + 7 - 2x = 12x + 10 - x - 30.$

4. $4x - 12 + 6x + 10 = 13x - 8 - x + 1.$

5. $\frac{5x}{7} + \frac{3x}{5} = 10 - \frac{8x}{9}.$

6. $15x - \frac{3}{5} + 17x - 12 = 10x - 9 + 22x - 3\tfrac{3}{5}.$

7. $\frac{x}{3} - \frac{x}{4} + \frac{x}{5} - 10 = 2x - 216.$

8. $\frac{x}{2} + 18 - \frac{x}{3} + 14 = -\frac{2x}{3} + \frac{3x}{4} + 34.$

9. $\frac{5x}{4} - \frac{7}{6} + \frac{x}{2} - \frac{2}{3} = \frac{x}{8} - \frac{5}{6}.$

10. $0{,}7x - 0{,}5 + 12x - 0{,}8x = 10 - 93{,}1x.$

11. $0{,}4x - 3{,}2 + 3{,}8x + 17{,}6 = -0{,}6x.$

12. $0{,}4x - 1{,}4x + 3{,}2 = -12 + 0{,}5x + 0{,}8.$

13. $5x - 6{,}937 + 3{,}14x = 5{,}264 - 2{,}15x.$

14. $0{,}4x + 0{,}01 - 2{,}4x - 0{,}1(3 + 0{,}2x) = -0{,}189.$

15. $0{,}7x - 0{,}6(x - 1{,}2) - 8{,}4 = 3(0{,}4x - 0{,}7) + x - 26{,}58.$

16. $\frac{7x}{3} - 15{,}14 + \frac{11x}{8} + 12{,}4 = (5{,}97x + 3{,}1)0{,}5.$

17. $\frac{5x-7}{2} - \frac{3x+5}{8} = \frac{10x+11}{4} - \frac{5x+7}{8}.$

18. $\frac{12x-7}{4} - \frac{10x+3}{12} = \frac{18x-19}{6} + \frac{8+5x}{3}.$

19. $\frac{4x-7}{8} + \frac{3x+5}{4} - \frac{2x+6}{9} = \frac{3x+11}{18} - 4.$

20. $\frac{10x-3}{12} - \frac{14x+5}{10} = \frac{3x+7}{4} + 3\frac{1}{3}.$

21. $12(3x-4) - 5(4x-3) - \frac{7x-2}{2} = 3(4x-3).$

22. $\frac{6x-5}{4} - \frac{4x+1}{2} + \frac{7}{12} = 2(5-x) - \frac{1}{6}.$

23. $4(x-3) - \frac{x}{5} + 2(x+6) = \frac{x-3}{10} - \frac{6x}{5}.$

24. $\frac{5(7x-6)}{3} - \frac{3x}{8} = \frac{x-1}{24} - 10.$

25. $\frac{9(4x-5)}{5} - \frac{36x-1}{15} = x - \frac{2x-3}{3} - 1.$

26. $\frac{3}{2}(x-2) - \frac{4}{5}(x-11) = \frac{x-2}{3} - \frac{2x+1}{5}.$

27. $0{,}3(4x-12) - 2(3x-0{,}1) = \frac{3{,}7x}{2} - 4{,}73.$

28. $\frac{9x-4}{5} - 2(5x-4) + 3\frac{1}{2} = \frac{18x+7}{10} + 5(2x-3).$

29. $\frac{12(x-3)}{5} - \frac{x-3}{15} - 2x = 0{,}3(x-12) - 3{,}4.$

30. $\frac{0{,}16x}{3} - 7{,}24x + \frac{15{,}34}{5} - (6{,}132 - 0{,}786x)0{,}2$
$= \frac{5{,}134x}{15} - (7{,}32 - 2x)2.$

31. $0{,}123x - (1{,}23x - 0{,}765)0{,}5 + \frac{3{,}475x}{4}$
$= 12{,}864x - \frac{17{,}12x - 0{,}9531}{2} + 1{,}3589.$

32. $ax - (b+2a)3x - 5x = a - 3bx + 1.$

33. $(a^2 - b^2)x + bx(a+b) = (a+b)c.$

34. $r(r+2q)x - 4rs = s(q-3r) - q^2x.$

35. $m^2 - 2mx + 4x = (3-m^2)x + 2m^2 - 1.$

36. $3dx\left(\frac{b}{3}+c\right)-2b\left(3d-\frac{a^2}{2}\right)=x(bc+3d^2)+3da^2-2b^2.$

37. $m^2(2+x)-2m(1-4x)=3x(m-2)+3m^2-2(m+2).$

38. $x-mp=\frac{3px(2m-p)}{(m+p)^2}+(m-4p)(m-p).$

39. $ax-\frac{x-2b}{a}=(a^2-1)\frac{x}{a}-\frac{a}{b}\left(\frac{3b^2}{a^2}-1\right).$

40. $\frac{5mx-12p}{m^2-p^2}-\frac{3x+4}{m+p}=\frac{2x-8}{m-p}.$

41. *a)* $\frac{5amx}{a+b}+5m-x-\frac{a(10m-1)-b}{2(a-b)}$
$=\frac{a^2+b^2}{2(a^2-b^2)}-\frac{bx(2a+b)}{(a+b)^2}$ (vgl. **1.** *k*).

b) $\frac{5amx}{a-b}+5m-x-\frac{a(10m-1)+b}{2(a+b)}$
$=\frac{a^2+b^2}{2(a^2-b^2)}+\frac{bx(2a-b)}{(a-b)^2}.$

42. *a)* $-\frac{c^2x}{a(b-c)^2}+\frac{b(4a^2-x)}{a(b-c)}=x\left(4-\frac{1}{a}\right)-\frac{b^2c}{(b-c)^3}.$

b) $+\frac{c^2x}{a(b+c)^2}-\frac{b(4a^2-x)}{a(b+c)}=x\left(\frac{1}{a}-4\right)-\frac{b^2c}{(b+c)^3}.$

43. *a)* $\frac{x}{m+q}+\frac{mq}{m-q}-\frac{pq+4rm}{2mq(m-q)}=\frac{xmq}{p+4r}+\frac{pq-4rm}{2mq(m+q)}.$

b) $\frac{x}{m-q}-\frac{mq}{m+q}-\frac{pq-4rm}{2mq(m+q)}=-\frac{xmq}{p+4r}+\frac{pq+4rm}{2mq(m-q)}.$

c) $\frac{1}{m+p}+\frac{mpx}{m-p}+\frac{pq-4rm}{2mp(m-p)}x=\frac{mp}{4r-q}-\frac{pq+4rm}{2mp(m+p)}x.$

44. $\frac{6x-5}{3x-4}-2=\frac{5x-2}{6x-8}.$ **45.** $\frac{6x-1}{5x+2}-1{,}8=\frac{3x-4}{2-5x}.$

46. $\frac{5x-18}{3x+2}+10=\frac{7x-3}{4x-3}.$

47. $7x-\frac{14{,}5x-263}{x+6}=3+\frac{14x^2}{2x+5}.$

48. $\frac{8x-5}{12x-4}+\frac{4x-9}{9x-3}=\frac{7x+2}{3x-1}+15.$

49. $\frac{0{,}4x}{x+1}+\frac{7x}{5x+5}+13=\frac{0{,}3x}{x+1}-\frac{2x}{3x+3}.$

50. $\frac{9}{4x+2}-\frac{5}{3x-7}=\frac{13}{12x+6}.$

51. $(7x-12{,}543)(3x-1{,}4)-2{,}768x+14{,}135$
$= (42x-0{,}32)(0{,}5x+1{,}2).$

52. $\frac{6ax-5b}{3ax-4b} = \frac{6ax-7b}{3ax-2b}.$

53. $\frac{5x}{6} + \frac{23}{18} + \frac{12x^2-16x+4}{3x^2-5x+4} = \frac{5(3x+19)}{18}.$

54. $\frac{20x^3-10x^2+3x-4}{5x^2-7x+1{,}2} = 4x+3{,}6.$

55. $\frac{10x-3}{5} : \frac{5x-4}{6} = \frac{2}{5}.$

56. $\frac{5x-4}{3} : \frac{3x-2}{5} = 2\frac{8}{11}.$ 57. $\frac{5x+3}{3x-4} : \frac{3x+4}{5x+3} = \frac{25}{9}.$

58. $\frac{5x-12}{x-4} : (7x-8) = \frac{5}{7x-12}.$

59. $\frac{4x-5}{5x+7} : \frac{1}{5x+4} = \frac{14x-20}{7}.$

60. $(5x+4):(5x-4) = (12x+7):12x.$

61. $\frac{3x-5}{4} : \left(\frac{5x+6}{3} - 1\right) = 2:7.$

62. $(0{,}36x+0{,}24):(2x+3) = (9x-4):(50x+0{,}3).$

63. $(10x+6) : \frac{1}{2x+3} = (10x^2-4x+13) : \frac{1}{2}.$

64. $\frac{0{,}6x-2}{5} : (0{,}9x+2) = (1{,}2x-3) : \frac{27x-4}{3}.$

65. $\frac{5x^4}{x-2} - \frac{6x^4-3x^3}{x-1} + \frac{x^5}{x^2-3x+2} = 0.$

66. $\frac{4x-1}{2x+1} + \frac{5x^2-3x+1}{2x-1} = 2{,}5x-2.$

67. $\frac{x-2}{x+3} - \frac{6x^3+\frac{2}{3}x-7}{x-3} + 6x^2+3 = 0.$

68. $\frac{x^p-2x^{p-1}}{2x-4} + \frac{x^p}{x-2} = \frac{3x^p}{2x-2}.$

69. $\frac{2x-4}{x^p} + \frac{15x-4}{3x^{p-1}} = \frac{5}{x^{p-2}}.$

23. Regel. Soll ein Wurzelzeichen aus einer Gleichung weggeschafft werden, so muß die Gleichung auf die Potenz des Grades erhoben werden, welche der Wurzelexponent angiebt. Dabei ist zu beachten, daß das Wurzelzeichen nur dann herausfällt, wenn diese Wurzelgröße auf einer Seite der Gleichung allein steht.

70. $\sqrt{x+4} = 3.$

71. $\sqrt{x^2+5x+17} = x+3.$

72. $\sqrt{x^2-16x+16} = 3x-4.$

73. $\sqrt{x^2+5}-3 = x-1.$

74. $\sqrt{2x^2+5x+9}-x = 0{,}5x-3.$

75. $\sqrt{2x+5} = 5-\sqrt{2x}.$

76. $2\sqrt{3x+5}-2\sqrt{5} = \sqrt{x}.$

77. $3\sqrt{4x+2}-3\sqrt{4x} = \frac{1}{\sqrt{x}}.$

78. $\sqrt{3x+5}-\frac{5}{\sqrt{3x+5}} = \sqrt{\frac{x}{3}}.$

79. $\frac{1}{m}\sqrt{x+2m}-\sqrt{\frac{2}{m}} = \sqrt{mx}.$

80. $\frac{5x-6}{\sqrt{5x-6}} = \sqrt{5x}-\sqrt{6}.$

81. $\frac{5x-6}{\sqrt{5x}-\sqrt{6}} = \frac{6}{\sqrt{5x}-\sqrt{6}}.$

82. $\frac{1}{\sqrt{2x}-\sqrt{3}}-\frac{2}{\sqrt{2x-3}} = \frac{3}{\sqrt{2x}+\sqrt{3}}.$

83. $\sqrt[2m]{ax+b^2} = \sqrt[m]{\frac{ax}{2}+b}.$

84. $x = \sqrt{x^2+a\sqrt{4x^2+a\sqrt{16x^2+a}}}-a.$

85. $\sqrt{x+\sqrt{1-x}} = \frac{1-x}{\sqrt{x-\sqrt{1-x}}}.$

24. Regel. Kommt die aus einer Gleichung zu berechnende Größe (x) immer in derselben Verbindung mit anderen Größen vor, so behandele man zunächst diese Verbindung als Unbekannte, und berechne, nachdem deren Werth ermittelt ist, aus diesem die verlangte Unbekannte.

86. $\frac{1}{x}+\frac{1}{a} = \frac{1}{b}.$

87. $\frac{a}{x}-\frac{5b+4a}{3a}+\frac{2b+2a}{4x} = \frac{3a^2-4b^2}{2ax}+\frac{7b-2a}{4a}-\frac{b}{12a}.$

88. $\frac{a+2b}{x}-\frac{4b+5a}{2a}-\frac{a^2-b^2}{4ax} = \frac{5b-4a}{4b}-\frac{a^2+b^2}{2bx}.$

89. $\frac{x+5}{12}+7(x+5)+\frac{14}{15}-\frac{x+5}{10} = 2(x+5)+40\frac{4}{5}.$

90. $5(2x-\frac{1}{8})-\frac{2x+\frac{1}{3}}{4}+14\frac{1}{4} = \frac{9}{2}(2x+\frac{1}{3})+14\frac{1}{2}.$

91. $3(4x-7)+4x-11 = \frac{2}{3}(4x-7)+\frac{16x-28}{5}-1\frac{7}{15}.$

92. $\frac{5x-0{,}2}{12}-\frac{25x-1}{4}+5x = 0{,}6+\frac{5x-0{,}2}{3}.$

93. $\frac{4-3x}{6}-3x+\frac{3x-4}{2}+3{,}5=\frac{8-6x}{3}+0{,}4-0{,}3x.$

94. $2a(ax+b)-\frac{ab(ax+b)}{a+b}-\frac{2(a-b)}{a+b}=\frac{7ab}{a^2-b^2}-2b(ax+b).$

95. $\frac{ab}{x-a^2}+\frac{2b(a-b)}{(a+b)^2}-\frac{a}{a+b}=\frac{3a^2b^2}{(x-a^2)(a+b)}-\frac{b^2}{(a+b)^2}.$

96. $\frac{5\sqrt{x}-2}{8}-\frac{9\sqrt{x}-17}{16}+\sqrt{x}=\frac{10-\sqrt{x}}{4}+\frac{1}{2}.$

97. $\frac{\sqrt{5x}-3}{\sqrt{5x}+6}+\frac{\sqrt{5x}-4}{\sqrt{5x}+8}=\frac{2\sqrt{5x}-10}{\sqrt{5x}+10}.$

98. $0{,}3(2\sqrt{x+1}-5)-0{,}2(4\sqrt{x+1}-7)=\frac{\sqrt{4x+4}}{4}-2{,}2.$

99. $\sqrt[4]{\frac{a-3c}{a-bx}}=\sqrt[3]{\frac{a-3c}{a-bx}}.$ 100. $\sqrt[2]{\frac{10}{a+3x}}=2\sqrt[3]{\frac{5}{a+3x}}.$

101. $\frac{c+2m\sqrt{px}}{c-2m\sqrt{px}}=\frac{3c+4m\sqrt{px}}{4c-4m\sqrt{px}}.$

Zu dieser Gruppe gehören unter anderen die rein quadratischen, rein kubischen — kurzum die Gleichungen, die rein von irgend einem Grade sind d. h. diejenigen, deren reducirte Gleichungen die Unbekannte nur in der zweiten, nur in der dritten — genug! nur in einer Potenz enthalten.

102. $5x^2-7=9x^2-11.$

103. $\frac{x-4}{x+3}=\frac{2x+4}{x-2}-16.$

104. $\frac{x^2+4x-9}{x+3}=\frac{3x^2-7x+4}{x-2}.$

105. $\frac{5x-3}{2x+5}=\frac{6x^2-7x+3}{3x^2+5x-2{,}8}.$

106. $\frac{3x-2}{3x+2}=\frac{3x+1}{3x-1}+6x-2.$

107. $\sqrt{3x+5}-\sqrt{3x-5}=\sqrt{6x-2\sqrt{11}}.$

108. $\frac{\sqrt{x^2-1}}{x-1}-\sqrt{\frac{x-1}{x+1}}=2.$

109. $x+\sqrt{a+x^2}=\frac{b}{\sqrt{a+x^2}}.$

110. $-a+\sqrt{a^2+x^2}=2\sqrt{a^2-x^2}.$

111. $\frac{\sqrt{x+\sqrt{x^2-a^2}}}{\sqrt{x-\sqrt{x^2-a^2}}}=\frac{x}{b}.$

112. $\frac{\sqrt{a^2+b^2x^2}+bx}{\sqrt{a^2+b^2x^2}-bx}=\frac{b}{a}.$

113. $\sqrt[2m]{a^2x^2+2abx+c}=\sqrt[m]{bx+a}.$

114. $\frac{\sqrt{x^2-x+1}}{x+\sqrt{x^2-3}}=\frac{x-\sqrt{x^2-3}}{\sqrt{x+1}}.$

Gleichungen des ersten Grades mit mehren Unbekannten.

25. **Regel.** *A.* Zur gleichzeitigen Bestimmung zweier Größen sind zwei von einander unabhängige Gleichungen nothwendig und hinreichend. Sie zu berechnen leite man aus beiden Gleichungen eine neue ab, in welcher nur noch eine von beiden Unbekannten vorkommt, ermittele diese und mit Hilfe des gefundenen Werthes und einer der gegebenen Gleichungen dann auch die andere Unbekannte. — Das Fortschaffen (Eliminiren) der einen Unbekannten erfolgt

1. entweder so, daß man aus der einen Gleichung die eine Unbekannte berechnet und den für sie gefundenen Werth statt ihrer in die andere Gleichung setzt — Substitutionsverfahren —
2. oder so, daß man aus beiden Gleichungen dieselbe Unbekannte berechnet und die gefundenen Werthe gleichsetzt — Combinationsverfahren —
3. oder endlich durch Addiren der beiden Gleichungen. Multiplizirt man nämlich zuvor eine derselben oder beide so, daß die zu eliminirende Unbekannte entgegengesetzte Coefficienten erhält, so wird beim Addiren der Gleichungen diese Unbekannte herausfallen.

115. $x + y = 14$
$x - y = 6.$

116. $x + y = s$
$x - y = d.$

117. $5x + 8y = 31$
$10x - 4y = 22.$

118. $13x - 4y = 4$
$2y - 5x = 2.$

119. $\frac{3}{4}x - \frac{2}{5}y = 5$
$\frac{1}{2}y - \frac{1}{3}x = 1.$

120. $1\frac{2}{3}x - 2\frac{1}{5}y = -1$
$3y - 2x = 3.$

121. $1\frac{2}{3}y - \frac{3x}{4} = 16$
$2x - 3\frac{1}{2}y = -37.$

122. $6x - \frac{3y}{8} = 4$
$15\frac{1}{2}x + 2\frac{1}{4}y = 1\frac{3}{4}.$

123. $15x - 16y = 2$
$\frac{y}{3} - \frac{x}{2} = \frac{1}{12}.$

124. $0{,}5x - 0{,}2y = 0{,}8$
$3y - 1{,}5x = 12.$

125. $\frac{y}{24} - x = 1{,}1$
$3{,}5x + \frac{y}{6} = -3{,}1.$

126. $3{,}2x - 0{,}8y = 1{,}76$
$0{,}5y + 0{,}2x = 0.$

127. $\frac{x}{3} + 3y = 2{,}8$
$0{,}5y - 0{,}1x = 0{,}14.$

128. $10x + 0{,}5y = 0{,}6$
$3{,}5x - 3y = 4{,}02.$

129. $a'x + b'y = c'$

$a''x + b''y = c''.$

130 a. $ax + by = r$

$\frac{x}{a} + \frac{y}{b} = s.$

130 b. $ax + by = ab$

$\frac{x}{a} + \frac{y}{b} = 1.$

131. $\frac{x}{a} + by = m$

$ax - \frac{y}{b} = n.$

132. $3x + 4y - 17 = 5y - 2x + 5$

$2y - 6x + 12 = 4x - 9y - 5.$

133. $9x - 10y + 4\frac{1}{2} = 6x + 8y + 1$

$5x - 8y - 7\frac{2}{3} = 42x - 5y - 10\frac{3}{4}.$

134. $\frac{3x + 4y}{2} - 2\frac{1}{2} - \frac{2x + 6y}{3} = \frac{4x - 7y - 3}{4} - 1\frac{3}{8}$

$x = 6y.$

135. $0{,}2(3x - 10y) + 1{,}2(0{,}4x - 3) = \frac{7y - 5}{5} - 0{,}5(0{,}4x - 5y) - 2{,}4$

$y = \frac{x}{5}.$

136. $\frac{2x + 3y}{3} - \frac{4x - 3y}{6} = \frac{2x - y}{5} + 9\frac{1}{2}$

$\frac{3x + 4y}{23} - 2x = 4 - 2y.$

137. $\frac{5x - 4y}{2} - 2(6x - 7) = \frac{8x + 9}{3} - \frac{5y + 2 + x}{4}$

$\frac{x + y}{3} - \frac{x + 5}{4} = \frac{y - 5}{3} - (x + y).$

138. $\frac{7x + 4y}{3} - \frac{5y - 8}{5} = \frac{2x - 6y}{10} + 2$

$(4x + 5y):(2x - 3y) = 48:16.$

139. $\frac{x + 7}{12} - 5\frac{1}{2}y - \frac{3y - 2x}{5} = 7x - \frac{5y + 2x - 7}{30}$

$\frac{4(x + y) + 2}{3} : \left(7x - \frac{y + 3}{4}\right) = 3:5.$

140. $\frac{0{,}0632x - 0{,}1y}{3} - 0{,}0604x = 0{,}0985y - \frac{0{,}1x - 0{,}073y}{2}$

$0{,}6354x:(0{,}2 + 0{,}7365y) = 2:3.$

141. *a)* $3x - 4 + 0{,}0345y - 0{,}0286 = \frac{7y}{2} + 11 - \frac{0{,}0062x - 0{,}0073}{2}$

$5x - 0{,}0068y = 0{,}0091x + 11y - 6.$

b) $3x - 4 = \frac{7y}{2} + 11$

$5x = 11y - 6.$

142. *a)* $2000x - 240 + x + 2y = 1500y + 259$

$500{,}1x + 399{,}9y = 280{,}1.$

b) $2000x - 240 = 1500y + 260$

$500x + 400y = 280.$

143. $\frac{4x+5}{6y-1} = \frac{2x+1}{3y-2}$

$\frac{15y+19}{6y+17} = \frac{5x+14}{2x+10}.$

144. $5x - 7 - \frac{10x^2 + 6xy - 7}{2x+1} + 3y + 1 = 0$

$(4y + 3x):(4y - 3x) = 11:5.$

145. $\frac{4x - 2y + 7}{2x + 3y - 4} = \frac{8x - 4y + 5}{4x + 5y - 3}$

$y + 3{,}8x = 0{,}1.$

146. $\frac{3x-4}{5x-2} = \frac{6x-4}{10x+5}$

$\frac{5x-4y}{6x-4y} - 5x + 9 = \frac{-15x^2 + 10xy + 2x + 10}{3x - 2y}.$

147. $x - \frac{2y+x}{x-3} = \frac{x^3 - 2xy - 20x + y + 10}{x^2 - 9} - 1$

$y - 2x = \frac{y^2 - 4x^2 - 3x + 7y - 6}{2x + y} - 1.$

148. $\frac{\sqrt{x}}{\sqrt{y}} = \frac{a}{b}$

$x - y = \frac{a-b}{ab}.$

149. $\sqrt{x+y}:\sqrt{x-y} = a:b$

$\sqrt{x} + \sqrt{y} = c.$

150. $\frac{a+2x}{b+y} - \frac{b+x}{a+2y} = d$

$\frac{a+2x}{b+y} + \frac{b+x}{a+2y} = s.$

151. $\frac{ax+by}{ax-by} + 2\frac{bx+ay+c}{bx-ay} = 5$

$-2\frac{ax+by}{ax-by}\cdot\frac{bx-ay}{bx+ay+c} + 3 = \frac{bx-ay}{2(bx+ay+c)}.$

25. Regel. *B.* Zu gleichzeitiger Bestimmung von n Größen sind n Gleichungen nothwendig und hinreichend. Diese Größen zu berechnen eliminire man aus allen Gleichungen dieselbe Unbekannte und stelle so ein System von (n—1) Gleichungen mit (n—1) Unbekannten her. Hier-

mit verfahre man, wie mit den gegebenen Gleichungen, bis man auf 2 Gleichungen mit 2 Unbekannten und schließlich auf 1 Gleichung mit 1 Unbekannten geführt wird. Aus dieser berechne man diese Unbekannte und durch Substituiren des gefundenen Werthes — resp. der gefundenen Werthe in die früheren Systeme auch die übrigen.

152. $x+y+z=15$

$x+2y+3z=34$

$2x+y+3z=32.$

153. $\frac{x}{2}+\frac{y}{3}+\frac{z}{4}=3$

$\frac{x}{2}-\frac{y}{3}+\frac{z}{4}=1$

$2x+3y+4z=29.$

154. $\frac{2x-y}{3}+\frac{3x-z}{4}=8$

$\frac{2y-x}{2}-\frac{4y-z}{11}=5$

$\frac{2z+x}{11}+\frac{5z-y}{13}=9.$

155. $2x+3y+z=3$

$\frac{2}{3}x-\frac{3}{4}y+\frac{z}{6}=\frac{1}{4}$

$-\frac{1}{2}x-\frac{y-z}{3}=-\frac{1}{36}.$

156. $5x-y+2z=1{,}6$

$x+0{,}2y+0{,}5z=0{,}6$

$3x-0{,}3y+0{,}8z=0{,}79.$

157. $ax+by+cz=m$

$bx+cy+az=p$

$cx+ay+bz=q.$

158. $2x+3y-4z=15$

$x+2y+3z=52$

$3y-2z=11.$

159. $0{,}1x+0{,}3y+4z=2{,}1$

$\frac{x+2y}{7}-\frac{z}{5}=0$

$x-0{,}3y=(0{,}5-4x)0{,}1.$

160. $x+ay+bz=m$

$2ax+3by-z=p$

$3bx-2az=2ap.$

161. $3x-1{,}5y+2z=6$

$2x+3y=40$

$5x-\frac{z}{3}=24.$

162. $2x+\frac{y}{4}+0{,}1z=0{,}9$

$x=0{,}5y$

$z-5y=2.$

163. $x+10y+100z=3$

$2x-3y=1{,}7$

$0{,}3x-2y=0{,}1.$

164. $\frac{x}{a}+\frac{y}{b}-\frac{bz}{2a}=\frac{9}{2}$

$\frac{x}{2}-\frac{bz}{3}=\frac{2a}{3}$

$\frac{z}{a}+\frac{y}{b^2}=\frac{4}{b}.$

165. $3ax-4by-3bz=\frac{4b-a}{a}$

$b(x+z)+1=\frac{(a+b)^2}{ab}$

$b(z-y)-1=\frac{(a-b)^2}{ab}.$

166. $x:y:z=3:5:9$

$x+y+z=51.$

167. $x:y:z=a:b:c$

$mx+ny+rz=s.$

168. $\sqrt{x}:\sqrt{y}:\sqrt{z} = \frac{1}{a}:\frac{1}{b}:\frac{1}{c}$
$mx + ny - rz = t.$

169. $x^2:y^2:z^2 = 1:0{,}25:0{,}0625$
$\frac{x}{40} + \frac{y}{20} + 3z = 32.$

170. $5x + 4y = 40$
$3x + 2z = 27$
$4x - 2y = 6.$

171. $3x - 2y = 8$
$4y - 5x = -6$
$5z - \frac{y}{11} = 5.$

172. $10y + 2x = 9$
$3x - 0{,}1z = 6$
$4y + 2z = 61{,}2.$

173. $x = 2z$
$3y = 4z$
$\frac{x}{3} + \frac{y}{2} = \frac{1}{3}.$

174. $4y - 0{,}3x = 0{,}9$
$\sqrt{x} - \sqrt{z} = \frac{0{,}3}{\sqrt{x} + \sqrt{z}}$
$\frac{z - y}{\sqrt{z - y}} = \sqrt{0{,}4}.$

175. $\frac{1}{x} + \frac{2}{y} = 11$
$\frac{2}{x} - \frac{3}{z} = -9$
$\frac{3}{4y} - \frac{2}{3z} = -\frac{1}{3}.$

176. $\frac{ax + by}{a + b} + \frac{ax + cz}{a + c} = p$
$\frac{ax + by}{a + b} + \frac{by + cz}{b + c} = q$
$\frac{by + cz}{b + c} + \frac{ax + cz}{a + c} = r.$

177. $x:y:z = a:b:c$
$mx + ny = s.$

178. $\sqrt{x} + \sqrt{y} = c$
$\sqrt{x} + \sqrt{z} = b$
$y - z = a^2.$

179. $\sqrt{x^2 + y^2} + x = 9$
$\sqrt{z^2 + y^2} - z = 1$
$\sqrt{x + z + 4\sqrt{z}} = \sqrt{x} + \sqrt{z}.$

180. $\frac{xy}{ax + by} = c$
$\frac{xz}{ax + cz} = b$
$\frac{yz}{by + cz} = a.$

181. $4x + 5y - 2z + 3v = 45$
$3x - 2y + 6z - v = 42$
$2x - 3y + 4z + 2v = 26$
$5x + 4y - 3z + 5v = 43.$

182. $5x - 3y + 4z = 41$
$10x + 7y - 3v = 5$
$15x - 2z + 2v = 34$
$6z + 5v = 120.$

183. $\frac{x}{2} - \frac{y}{3} + 10z = 4$
$3x - 2y + \frac{v}{3} = 0{,}2$
$z = 2x$
$0{,}5v + 3z = 1{,}5.$

184. $ax + by = m$
$bx + cz = r$
$cy + dv = q$
$dz + av = t.$

185. $5y - 2x = 7xy$
$\frac{z}{2} + 3x = 13xz$
$3v - \frac{2}{5}x = 4xv$
$\frac{2zv}{3} + \frac{3yv}{4} - \frac{2yz}{5} = 2yzv.$

186. $4x - 5y + 3z = 11$
$\frac{x}{3} + \frac{z}{2} - 10v = 1$
$0{,}2y + 3v - 4w = 1{,}1$
$0{,}5x - 0{,}2y + 5w = 3$
$z + 2v + 3w = 5{,}2.$

2. Gleichungen des zweiten Grades.

26. Regel. Die reducirte Gleichung des zweiten Grades

$$nx^2 + px = s$$

aufzulösen, werde sie auf die Gestalt gebracht

$$x^2 + ax = b.$$

Addirt man auf beiden Seiten das Quadrat des halben Coeffizienten von x und zieht aus beiden Seiten die Quadratwurzel, so findet man für vorstehendes Schema:

$$x = -\frac{a}{2} \pm \sqrt{b + \frac{a^2}{4}}$$

als Wurzeln der Gleichung.

187. $x^2 + 3x = 28.$

188. $x^2 + 8x + 15 = 0.$

189. $2x^2 - 4x + \frac{3}{2} = 0.$

190. $6x^2 + x = 12.$

191. $\frac{x^2}{6} + \frac{13x}{36} + \frac{1}{6} = 0.$

192. $x^2 - 0{,}8x + 0{,}15 = 0.$

193. $0{,}03x^2 - 0{,}53x = 1{,}4.$

194. $x^2 + 5x - 7 = 0.$

195. $2x^2 + 3x = 6.$

196. $\frac{x^2}{3} - \frac{x}{6} = \frac{1}{4}.$

197. $\frac{x^2 - 2x}{5} + 0{,}1 = 0.$

198. $0{,}4(x^2 + 3x) + 0{,}6 = 0.$

199. $\frac{3}{2}(x^2 + 6) - \frac{5x + 4}{3} = \frac{2x^2 - 9x}{4} + \frac{127x - 196}{12}.$

200. $\frac{x^2 + 4x}{3} - \frac{5x + 2}{2} + \frac{10x^2 - 7}{5} = \frac{5x - 10}{3} - \frac{110x^2 - 65x + 2}{30}.$

201. $5x + 4 - \frac{3x + 4}{x} = 7x - \frac{x + 12}{2}.$

202. $5x - 11 + \frac{2x - 3}{x + 1} = \frac{7x - 2}{4}.$

203. $3x^2 - 5x + 4 + \frac{x^2 - 5}{x + 2} = \frac{9 - 5x}{6}.$

204. $\frac{3x+2}{x+1}-\frac{5}{x}=\frac{3x-52}{3x+3}$. **205.** $\frac{3x-4}{5x+4}-\frac{2x+3}{4x-3}+0,1=0$.

206. $\frac{4x-0,4}{3x+3}-\frac{2x-0,2}{4x+4}=\frac{x-2,5}{0,5x+5}$.

207. $\frac{4x-0,5}{2x+0,5}+\frac{3x-2}{5x-1}+\frac{2,5-13x}{3,5+5x}=0$.

208. $\frac{x+1}{x-1}-\frac{2x-2}{x+1}=\frac{4x-1}{2x-1}$.

209. $\frac{5}{x^2-x}+\frac{3}{x^2-2x}=\frac{11}{2x}$. **210.** $\frac{b}{a+x}-\frac{a}{b+x}=\frac{a-b}{x}$.

211. $\frac{ax}{a+x}-\frac{bx}{b+x}=a+b$. **212.** $\frac{m-x}{m^2}+\frac{c^2+mx}{c^2m}=\frac{1}{x}$.

213. $x^2-\frac{2x(a^2+b^2)}{a+b}=a^2-b^2+\frac{4a^2b^2-2ax(a^2+b^2)}{a^2-b^2}$.

214. $\sqrt{x+16}.\sqrt{4x-11}=25$. **215.** $5\sqrt{x+5}-\frac{4x}{\sqrt{x+5}}=\sqrt{4x+1}$.

216. $\sqrt{x+2a}-\sqrt{x+a}=\sqrt{2x-5a}$. **217.** $3x-2\sqrt{x}=21$.

218. $5\sqrt{x}-\frac{8}{\sqrt{x}}=\frac{7\sqrt{x}+8}{2}$.

219. $x^2+12x-3-\sqrt{x^2+12x-3}=20$.

220. $\sqrt{x^2+3}+\frac{x}{\sqrt{x^2+3}}=\frac{5x\sqrt{x}+6}{2\sqrt{x^2+3}}$.

221. $ax^2+2bx+2m\sqrt{ax^2+2bx+c}=m^2$.

222. $\sqrt{x^2-19}+\sqrt[4]{x^2-19}=12$. **223.** $x^3-5\sqrt{x^3}=24$.

224. $\sqrt[3]{x^4}-0,5\sqrt[3]{x^2}=76,5$. **225.** $a\sqrt[n]{x}+2b\sqrt[2n]{x}=c$.

226. $10x^{2n}-14x^n-12=0$.

Bemerkung: Kann man beide Seiten der Gleichungen in Quadrate verwandeln, wie etwa in

$$(a'x^2+b'x+c')^2=(a''x^2+b''x+c'')^2,$$

so sind die aus den Gleichungen

$$a'x^2+b'x+c'=+(a''x^2+b''x+c'') \quad \text{und}$$
$$a'x^2+b'x+c'=-(a''x^2+b''x+c'')$$

zu berechnenden Unbekannten die Wurzeln der gegebenen Gleichung.

227. $49x^2-5,6x+0,16=\frac{70,56}{x^2}+\frac{16,8}{x}+1$.

228. $36x^4+60x^3-75x^2+20x-1=0.$

229. $x^2-x=x-\frac{1}{2}\sqrt{x}-\frac{3}{16}.$ 230. $x^4-4ab^2x=b^4-4a^4.$

Und ähnlich führt sich auf eine unrein quadratische Gleichung zurück:

231. $x^2-6x\sqrt{x}+27\sqrt{x}=12\frac{1}{16}.$

Gleichungen mit mehren Unbekannten.

Die 25. Regel bleibt auch für die jetzt zu behandelnden Aufgaben maßgebend. — Die Methode der Elimination durch Addition ist nur in einzelnen Fällen anwendbar. — Ist der Werth einer Unbekannten ermittelt, so hat man die andere Unbekannte aus derjenigen von den gegebenen Gleichungen zu berechnen, welche in Bezug auf letztere von niedrigerem Grade ist.

232. $x^2+2xy-y^2=3x+4y+33$; $5x=6y.$

233. $3x^2-4xy+2y^2=5x-4y+18$; $3x-2y=2.$

234. $\frac{x^2-4xy}{3}+\frac{2y^2}{5}=2x-3y-3$; $\frac{x-2y}{2}=3.$

235. $xy+2x+3y=10$; $\frac{x}{y}=\frac{1}{2}.$

236. $\frac{x}{x+y}=\frac{3y}{5x+2}$; $x+y=4.$

237. $xy=1$; $3x+2y=7.$

238. $\frac{5}{x}-\frac{2}{y}=\frac{1}{4}$; $4x-3y=16.$

239. $\frac{1}{x}-\frac{1}{y}=\frac{1}{6xy}$; $\frac{2}{x}+\frac{3}{y}=12.$

240. $4x^2-5xy+2y^2=32$; $\frac{x}{y}=\frac{6}{7}.$

241. $20x^2+15xy-9y^2=6$; $xy=\frac{1}{3}.$

242. $6x^2-2xy+5y^2=25$; $2x-5y=-1.$

243. $x^2-y^2=16$; $\frac{xy}{3}=5.$

Bemerkung. Unter Umständen ist es zweckmäßig oder nothwendig die Unbekannten nicht unmittelbar selbst, sondern Funktionen derselben zu berechnen, aus denen sich jene dann leicht ergeben. Solche Funktionenpaare sind: xy und $\frac{x}{y}$; $(x+y)$ und $(x-y)$ — andere, die zunächst auf die vorstehenden zurückzuführen sind, sind unter den folgenden Beispielen (Nr. Nr. **249.** **250.** **256.** **257.**) enthalten.

244. $xy = 1$

$\frac{x}{y} = 0{,}01.$

245. $(4x+3y):y = 25:3$

$xy = 12.$

246. $(\sqrt{x}-\sqrt{y}):\sqrt{x} = 1:3$

$xy = \frac{1}{36}.$

247. $(x^2+y^2):(x^2-y^2) = 13:5$

$xy = 24.$

248. $\frac{x-y}{2}:\frac{y}{3} = 1:2$

$xy-y^2 = \frac{1}{48}.$

249. $x+y = \frac{5}{6}$

$xy = \frac{1}{6}.$

250. $x-y = 0{,}1$

$xy = 0{,}06.$

251. $2\sqrt{x}+3\sqrt{y} = 18$

$\sqrt{xy} = 12.$

252. $2x^2-xy = 119$

$3x+y = 24.$

253. $\frac{\sqrt{x}+\sqrt{y}}{\sqrt{x}-\sqrt{y}} = \frac{a}{b}$

$x-y = a^2-b^2.$

254. $x^2-xy = 0{,}06$

$xy-y^2 = 0{,}02.$

255. $x^2y-xy^2 = \frac{1}{4}$

$\frac{1}{y}-\frac{1}{x} = 1.$

256. $x^2+y^2 = 41$

$xy = 20.$

257. $x^2+y^2 = 0{,}34$

$x+y = 0{,}8.$

258. $x^2+y^2 = 2a^2$

$x-y = 2b.$

259. $x^3+y^3 = 9$

$x+y = 3.$

260. $\sqrt{x^3}-\sqrt{y^3} = xy-4\sqrt{xy}+7$

$\sqrt{x}-\sqrt{y} = 1.$

261. $x^6-y^6 = 63$

$x^2-y^2 = 3.$

262. $x^4+y^4=97$
$x-y=1.$

263. $x^5+y^5=1\frac{1}{32}$
$x+y=1{,}5.$

264. $x^2+y^2=\dfrac{13}{216(x-y)}$
$xy=\dfrac{1}{36(x-y)}.$

265. $x^2+y^2+x+y=14$
$xy=3.$

266. $(x^2+y^2)(x+y)=\frac{c}{2}(c^2+d^2)$
$(x^2-y^2)(x-y)=cd^2.$

267. $x-y=2xy+0{,}02$
$x^2+y^2=3xy+0{,}01.$

268. $\dfrac{(x^2+y^2)(x-y)}{x+y}=\dfrac{5}{12}$
$\dfrac{(x^2+y^2)(x+y)}{x-y}=\dfrac{15}{4}.$

269. $\dfrac{2x^2+3y^2}{x-y}=30$
$\dfrac{2x^2-3y^2}{x-y}=6.$

270. $\dfrac{x^2+2xy+4y^2}{x+2y}=10\frac{1}{3}$
$\dfrac{x^2-2xy+4y^2}{x-2y}=-10\frac{1}{2}.$

271. $x^2-y=46-xy$
$x-y^2=-10+xy.$

272. $5xy-3(x+y)=158$
$6xy-5(x+y)=170.$

273. $6xy-5(x+y)=x^2-y^2-6$
$8xy-5(x-y)=x^2+y^2+6.$

274. $x^2+y^2+\sqrt{x^2+y^2}=182$
$(x+y)^2=229+xy.$

275. $x\sqrt[3]{x}+y\sqrt[3]{y}=17$
$x^4+y^4=4097.$

276. $x^2+xy+y^2=\dfrac{5m^3}{x-y}$
$x^3-x^2y+xy^2-y^3=4m^3.$

277. $x^2+2y^2=17$
$3x^2-2z^2=25$
$y^2+4z^2=8.$

278. $xy+xz=a$
$yx+yz=b$
$zx+zy=c.$

279. $x^2+y^2+z^2=a^2$
$x+y-z=b$
$xy=c^2.$

280. $x^2+y^2+z^2=50$
$xy+yz-xz=17$
$x+y+z=12.$

281. $x^2+y^2+xy=19$
$z^2-xy=10$
$z(x+y)=20.$

282. $x^2+2xy=a^2$
$y^2+2yz=b^2$
$xz-y^2=0.$

283. $x+yz = a$
$y+xz = b$
$y^2+x^2z^2 = m^2.$

284. $x+y+z = 15$
$x+2y+3z = 29$
$x^2+y^2+z^2 = 77.$

285. $x+y+z = s$
$x^2+y^2+z^2 = (a+b)s^2$
$ayz+bxz+bxy$
$= \frac{s^2}{4}(a+b)(1-a-b).$

286. $(x+y+z)(x+y-z) = c$
$(x+y+z)(x-y+z) = b$
$(x+y+z)(-x+y+z) = a.$

Resultate.

Die vier Grundoperationen mit irgend welchen allgemeinen Zahlen.

I. Addiren.

1. 114a. **2.** 113b. **3.** $-88xy$. **4.** $-22\frac{7}{8}z$. **5.** 3m. **6.** $-17p$. **7.** $-42rs$. **8.** $5\frac{3}{8}d$. **9.** $\frac{79}{120}g$. **10.** $-3{,}575y$. **11.** 5,337nn. **12.** 4,37t. **13.** $-4a+6b$. **14.** $11\frac{5}{6}r-15\frac{1}{6}s$. **15.** $5c+m-3y$. **16.** $2a+3b+c+11d$. **17.** $19a-14b-20c$. **18.** $20a+5ab-47abc-4(b-c)$. **19.** $13\frac{5}{36}x-8\frac{5}{8}y+5\frac{3}{10}m$. **20.** $-7\frac{4}{9}aaa+2\frac{1}{4}aa+6\frac{3}{4}a-4$. **21.** $-17{,}965z+0{,}95y-0{,}39r$. **22.** $-0{,}916m+1{,}1p-0{,}27x+17v$. **23.** $0{,}836xx-3{,}99x+1{,}93$. **24.** $1{,}5aaab-82{,}74aab-0{,}92aabb-0{,}48abb+5{,}6abbb$. **25.** $1\frac{1}{2}a-13b+2\frac{3}{4}c-1\frac{3}{4}d+2x-26y$. **26.** $25r-30x-32z+36v$. **27.** $27m+6x+25v+21z$. **28.** $15a-16p-x$. **29.** $-3m-19p+11x$ 27y. **30.** $10{,}88x-7{,}97y-2{,}11z$. **31.** $-4ab-14\frac{5}{9}ac+8{,}3bc-4{,}6bcv$. **32.** $31a-2b+8c+12d+69m-13x$. **33.** $-3a-7b+2c-18x$. **34.** $75a-7b-19c+3x$. **35.** $-35aaa-6aa+12a+4$. **36.** $1\frac{2}{3}x-3\frac{17}{24}y+1\frac{53}{60}z$.

II. Subtrahiren.

37. $4x-3y-3z+16a+4b+32c+5v+15w$. **38.** $15\frac{5}{6}k-3\frac{1}{10}v+2\frac{7}{8}m+7\frac{1}{2}x-3\frac{4}{5}z+7t$. **39.** $0{,}41nnn+7{,}02nn-0{,}43n-2-a$. **40.** $-3p+13q+48r-62s+40t-27u-18v-10x$. **41.** $5a-36b+33c-48d-2m+13q+11s$. **42.** $2-12a-49aa+5aaa-40aaaa-5b+7c$. **43.** $15pp-3pr-rr-7p-4r$. **44.** $7x-3xx-14\frac{1}{3}xy-2\frac{1}{4}yy$. **45.** $5{,}3zzz-2{,}52zz+0{,}8z-4{,}4$. **46.** $1{,}18ss+1{,}28s+0{,}78$.

I. und II. Addiren und Subtrahiren.

47. $-15a-8b$. **48.** $-4\frac{1}{6}a-14\frac{7}{8}b+12\frac{7}{8}c-3\frac{3}{5}v$. **49.** $-11,2$
$-11,2a-14,41aa+11,55aaa$. **50.** $15,99-14,47x-5,04xx$
$-0,2xxx$. **51.** $5a-9b-6c$. **52.** $70+32x-13xx-44xxx$.
53. $8m-9r-4q$. **54.** $-12,32-42,3x+8,74xx+13,1xxx$.
55. $10,35+10,02z+4,61zz-1,59zzz$. **56.** $4\frac{1}{2}+18m-1\frac{17}{60}mm$.

III. Multipliziren.

57. $-87ax+155bx+28cx$. **58.** $-149az+96mz+6rz$.
59. $2x-3xx+3xxx-13xxxx-80xxxxx$. **60.** $1,5m-5,8mm$
$-30,7mmm+38,4mmmm$. **61.** $9\frac{5}{12}av-5\frac{1}{4}bv+1\frac{55}{72}cv$.
62. $\frac{bb}{2dd}-\frac{1}{3}+\frac{7cc}{16dd}$. **63.** $\frac{rr}{2x}-\frac{rrx}{3ss}-\frac{2x}{5}$. **64.** $-\frac{54}{x}+72$
$-39x-34xx$. **65.** $-51xxx+46xx+31x+14+\frac{72}{x}-\frac{24}{xx}$.
66. $0,8aac-9,44abb+1,2bcc$. **67.** $21aa-55ab+11ac+36bb$
$-13bc-40cc$. **68.** $28mm-78mq-116mx+54qq+156qx$
$+96xx$. **69.** $28x-138xx+158xxx-69xxxx+21xxxxx$.
70. $\frac{m}{3}-\frac{43m^2}{72}-\frac{m^3}{6}+\frac{17m^4}{48}+\frac{m^5}{8}$. **71.** $-x+16\frac{1}{5}x^2-46\frac{2}{3}x^3$
$+16x^4+40x^5$. **72.** $0,2a^2b^2-0,43a^2bc+0,06a^2c^2+0,55ab^2c$
$+0,01abc^2-0,15b^2c^2$. **73.** $-\frac{3y^5}{16x^3}-\frac{2y^3}{5x}+\frac{67xy}{120}-\frac{19x^3}{45y}+\frac{x^5}{6y^3}$.
74. $0,06\frac{a^3}{b^3}-0,56\frac{a}{b}+0,35\frac{b}{a}+2,87\frac{b^3}{a^3}+1,65\frac{b^5}{a^5}$. **75.** $\frac{12b^2}{ac}$
$-\frac{23}{c^2}+\frac{3a}{b^2c^3}+\frac{21a^2}{b^4c^4}-\frac{49a^3}{b^6c^5}$. **76.** $-27x^3-36x^2y+48xy^2+64y^3$.
77. $80m^3-76m^2q-174mq^2+180q^3$. **78.** $0,001r^3-0,002r^2s$
$-0,004rs^2+0,008s^3$. **79.** $-\frac{10y}{x^2}+\frac{287}{4y}-\frac{147x^2}{2y^3}+\frac{18x^4}{y^5}$.
80. $\frac{x^3}{8}+\frac{x^2y}{4}+\frac{xy^2}{6}+\frac{y^3}{27}$. **81.** $57a^2-66ab-28ac+8b^2+50bc$
$-5c^2$. **82.** $-1+2\frac{1}{2}x-4\frac{23}{30}x^2+1\frac{17}{30}x^3-\frac{9}{20}x^4$. **83.** $2x^3$.

84. $54+48z^2$. **85.** $\frac{1}{27}-\frac{x}{6}-\frac{5x^2}{12}-\frac{x^3}{8}$. **86.** $1+5x-15x^2+15x^3-6x^4$. **87.** $-7+9{,}1m-6{,}6m^2+0{,}72m^3+0{,}104m^4$. **88.** $16a^2-25b^2$. **89.** $\frac{x^2y^2}{4}-2x^2yz+4x^2z^2$. **90.** $\frac{9x^2}{16y^2}+2+\frac{16y^2}{9x^2}$. **91.** $0{,}04m^2-1{,}2+\frac{9}{m^2}$. **92.** $\frac{0{,}25p^2-0{,}1pq+0{,}01q^2}{4m^2+2mr+0{,}25r^2}$. **93.** $\frac{13x^2}{36}-2\frac{1}{144}$. **94.** $-0{,}84r^2+1{,}56rs+1{,}35s^2$. **95.** $0{,}29v^2+0{,}0029t^2$. **96.** $-0{,}20111...z^4+0{,}2z^2-0{,}02111....$ **97.** $7m^2+16m^2q^2-26{,}4mpq+9p^2-9{,}16p^2q^2$. **98.** $-x^2+6xy-y^2+z^2$. **99.** $3a^2+2ab-2ac+3b^2+2bc+3c^2$. **100.** $8mp-12mq$. **101.** $-0{,}18x^2+0{,}48xy-0{,}32y^2-8z^2$. **102.** $-\frac{4sr}{3t}+\frac{3st}{4r}-\frac{9t^2}{8r^2}+1$. **103.** $2m^2+6mp-2mq+2mr-4q^2$. **104.** $\frac{8a^3}{b^3}+\frac{36a}{b}+\frac{54b}{a}+\frac{27b^3}{a^3}$. **105.** $1-9x+27x^2-27x^3$. **106.** $0{,}008-\frac{0{,}012}{x}+\frac{0{,}006}{x^2}-\frac{0{,}001}{x^3}$. **107.** $a^3+3a^2b+3a^2c+3ab^2+6abc+3ac^2+b^3+3b^2c+3bc^2+c^3$. **108.** $x^3-3x^2y+3x^2z+3xy^2-6xyz+3xz^2-y^3+3y^2z-3yz^2+z^3$. **109.** $0{,}001m^3+0{,}006m^2p-0{,}09m^2r+0{,}012mp^2-0{,}36mpr+2{,}7mr^2+0{,}008p^3-0{,}36p^2r+5{,}4pr^2-27r^3$. **110.** $8-60x+144x^2\;\;95x^3-36x^4-3{,}75x^5-0{,}125x^6$.

IV. Dividiren.

111. $9c-\frac{13c}{2b^2}+\frac{15x}{4ab}-\frac{21}{8a^2}$. **112.** $\frac{2sx^2}{v}-\frac{4m}{3r}+\frac{sx^2}{8r^2v}-\frac{3m}{5v^2}$. **113.** $-30b^2+\frac{33d^2}{c^2}-\frac{5b^2}{2a^2}+\frac{27b^2d}{c}-1$. **114.** $-1\frac{4}{5}x^2+\frac{2r}{b^2}-4\frac{1}{2}\frac{sx^2}{a^2b^2}+\frac{15}{2s}$. **115.** $0{,}24\frac{x}{a}-0{,}34\frac{x^2}{a^2}+0{,}02\frac{x^3}{a^3}-32\frac{bx^3}{ca}+2\frac{mx^2}{a^2}$. **116.** $50\frac{z^3}{b^2c^2}-3z^2+10\frac{xz^2}{bc}-0{,}6\frac{z}{c}+\frac{10zx}{3c^2}$. **117.** $-4{,}5\frac{s^3x}{b^3}+\frac{4s}{b}-0{,}3\frac{s^3}{b^3}+\frac{20s^2}{b^2}+\frac{100b}{s}$. **118.** $7r-8s-10x$.

119. $x-2y+9z$. **120.** $7rs-18rx+2sx$. **121.** $\frac{m}{4}-2x+6p^2$. **122.** $0{,}3x-y+0{,}04z$. **123.** $5a-0{,}4m-0{,}1r$. **124.** $\frac{3x}{5}+\frac{2z}{7}$. **125.** $-0{,}4a-1{,}2b+0{,}3c$. **126.** $-\frac{a}{2}-\frac{b}{3}-\frac{x}{4}$. **127.** $1+x+x^2+x^3$. **128.** $81-54s+36s^2-24s^3+16s^4$. **129.** $\frac{9x^2}{49y^2}-1+\frac{49y^2}{9x^2}$. **130.** $\frac{4}{y^2}+\frac{0{,}4z}{y}+0{,}04z^2$. **131.** $1+2x+3x^3+3x^4+3x^5$. **132.** $\frac{1}{2}-\frac{3x}{8}-\frac{9x^2}{32}-\frac{187x^3}{128}$. **133.** $2x+10+\frac{46{,}5}{x}+\frac{232{,}5}{x^2}$. **134.** $\frac{1}{2}+\frac{3x}{4}+\frac{x^2}{8}-\frac{x^3}{16}$. **135.** $\frac{3}{2x^2}+\frac{7}{8x}-\frac{53}{32}-\frac{137x}{128}+\frac{1395x^2}{512}$. **136.** $\frac{5}{x}+10+32{,}5x+90x^2$. **137.** $x+2+\frac{1}{x}+\frac{5}{x^3}+\frac{14}{x^4}$. **138.** $\frac{30}{x}-80+250x-740x^2+2230x^3$. **139.** $4+\frac{13y}{x}+\frac{26y^2}{x^2}+\frac{52y^3}{x^3}+\frac{104y^4}{x^4}$. **140.** $\frac{5}{x}+\frac{23y}{2x^2}+\frac{107y^2}{4x^3}+\frac{417y^3}{8x^4}$. **141.** $4x-2x^2+4x^3-10x^4$. **142.** $3z^2-17\frac{3}{4}z^3+98\frac{1}{2}z^4$. **143.** $-\frac{4b}{a}-\frac{4b^3}{a^3}-\frac{4b^5}{a^5}$. **144.** $1+x+x^2+x^3+x^4$; für $x=\frac{1}{2}$, Quotient $=2$, Summe $=1\frac{15}{16}$; für $x=0{,}1$, $Q=1{,}11111$, $S=1{,}11110$; für $x=0{,}001$, $Q=1{,}001001001001001$, $S=1{,}001001001001000$; für $x=10$, $Q=-0{,}1111...$, $S=11111$. **145.** $\frac{1}{x}-\frac{1}{x^2}+\frac{1}{x^3}-\frac{1}{x^4}$; für $x=2$, $Q=0{,}33...$, $S=0{,}31$; für $x=10$, $Q=0{,}090909$, $S=0{,}090900$; für $x=100$, $Q=0{,}00990099009...$, $S=0{,}00990099000$. **146.** $1-2x+2x^2-2x^3+2x^4$; für $x=0{,}2$; $Q=0{,}666...$, $S=0{,}6672$; für $x=-0{,}01$, $Q=1{,}0202020202...$, $S=1{,}0202020200$; $-1+\frac{2}{x}-\frac{2}{x^2}+\frac{2}{x^3}-\frac{2}{x^4}$, für $x=5$, $Q=-0{,}666...$, $S=-0{,}6672$; für $x=-100$, $Q=-1{,}0202020202$, $S=-1{,}0202020200$.

V. Complexschreiben.

147. $2ac\left(5b-6d+9m-\frac{2}{5}x-\frac{3y}{7}+1\right)$ oder: $-2ac\left(-5b+6d-9m+\frac{2x}{5}+\frac{3y}{7}-1\right)$. **148.** $6xy\left(2x-3z-5+7m-\frac{1}{7z}\right)$.

149. $\frac{2a}{5m}\left(\frac{2b}{q}-\frac{6c}{7r}+\frac{7d}{3s}-1\right)$ oder $\frac{2a}{105mqrs}(42brs-18cqs+49dqr-21qrs)$ oder $\frac{4ab}{5mq}\left(1-\frac{3cq}{7br}+\frac{7dq}{6bs}-\frac{q}{2b}\right)$. **150.** $2ab\left(0{,}02ab-0{,}03bc+\frac{2c}{d}-1\right)$ oder $\frac{0{,}02ab}{d}(2abd-3bcd+200c-100d)$ oder $-0{,}06ab^2c\left\{-\frac{2a}{3c}+1-\frac{200}{3bd}+\frac{100}{3bc}\right\}$. **151.** $\frac{1}{60abx}(30a^2b^2-20a^2x^2+15b^2x^2-12a^2b^2x^2-1+40a^2)$; oder $-\frac{ax}{3b}\left(-\frac{3b^2}{2x^2}+1-\frac{3b^2}{4a^2}+\frac{3b^2}{5}+\frac{1}{20a^2x^2}-\frac{2}{x^2}\right)$ oder $-\frac{abx}{5}\left(-\frac{5}{2x^2}+\frac{5}{3b^2}-\frac{5}{4a^2}+1+\frac{1}{12a^2b^2x^2}-\frac{10}{3b^2x^2}\right)$. **152.** $(6a+7b)(4m-5p)$. **153.** $(5a+b)(2x-3y)$. **154.** $(4x-3z)(4r-5s)$. **155.** $(7p-1)(2m-3v)$. **156.** $(3a-4b)(2r+\frac{1}{6})$. **157.** $(2x-5)(5x^2-0{,}2)$. **158.** $(6a-7b)\left(2a+\frac{1}{8x}\right)$.

159. $(2a-3b)\left(3x-\frac{0{,}1}{ab}\right)$. **160.** $(4x-5)\left(3x-\frac{0{,}2}{x}\right)$.

161. $\left(\frac{3x}{4}+\frac{1}{y}\right)(20y-1)$. **162.** $(3a+4b)(3a-4b)$. **163.** $(5a+6m)(5a+6m)$. **164.** $(\frac{2}{3}r-\frac{3}{4}s)(\frac{2}{3}r-\frac{3}{4}s)$. **165.** $\left(\frac{x}{2}+2y\right)\left(\frac{x}{2}+2y\right)$.

165$^*_1$. $(3x-5y)(9x^2+15xy+25y^2)$. **165$^*_2$.** $\left(\frac{2a}{7b}+6b\right)\left(\frac{4a^2}{49b^2}-\frac{12a}{7}+36b^2\right)$. **165$^*_3$.** $(0{,}4z-1)(0{,}16z^2+0{,}4z+1)$. **166.** $(a-b-c)(a-b+c)$. **167.** $(x+y+z)(x-y-z)$. **168.** $(3x-4y+5z)(3x-4y-5z)$. **169.** $(6x-7y)(8a+6x+7y)$. **170.** $\left(3b+\frac{5x+8y}{xy}\right)(5x-8y)$. **171.** $(3x+5y)(1+3x+5y)$. **172.** $(2a-3b)$

$(-2a+3b+0{,}1)$. **173.** $\left(\frac{2x}{3}+1\right)\left(3x^3+\frac{2x}{3}-1\right)$. **174.** $\left(4x-1+\frac{1}{x^2}\right)(4x-1)$. **175.** $(8z-11v)(8z+11v-3r)$. **176.** $(0{,}7x-0{,}8y)\left(-0{,}7x+0{,}8y+\frac{1}{y}\right)$. **176$^*_1$.** $(5x-4z)(25x^2+20xz+16z^2-5x-4z)$.

176$^*_2$. $\left(\frac{x}{2}+\frac{z}{3}\right)\left(\frac{x^2}{4}+\frac{5xz}{6}+\frac{z^2}{9}\right)$. **177.** $(x+2)(x+3)$.
178. $(x+4)(x+1)$. **179.** $(x-2)(x-3)$. **180.** $(x+1)(x-6)$.
181. $(x-2)(x-8)$. **182.** $(x+7)(x+5)$. **183.** $(x-10)(x+2)$.
184. $(x+12)(x-2)$. **185.** $(m-7)(m-8)$. **186.** $(a+0{,}4)(a+0{,}3)$. **187.** $(r-0{,}5)(r+0{,}1)$. **188.** $(z+0{,}8)(z-0{,}2)$.
189. $(x-\frac{3}{7})(x-\frac{1}{7})$. **190.** $(a-1)(a+\frac{1}{3})$. **191.** $(a+4b)(a+3b)$.
192. $(r-6s)(r-4s)$. **193.** $(x-8y)(x-4y)$. **194.** $(x-\frac{1}{2}y)(x-\frac{1}{3}y)$. **195.** $\left(a+\frac{b}{4}\right)(a-b)$. **196.** $(m+0{,}7p)(m-0{,}1p)$.

197. $\frac{2(a+3m)}{3x-5y}$. **198.** $\frac{2(b-3c)}{4m+1}$. **199.** $\frac{2m+0{,}03v}{40x-y}$.
200. $\frac{2x+3y}{3a-0{,}1b}$. **201.** $\frac{5x-7y}{5x+7y}$. **202.** $\frac{4(3x+4y)}{1-5x}$.
203. $\frac{m-\frac{1}{2}p}{2+0{,}6r}$. **204.** $\frac{x+\frac{2}{5}}{x^2-5}$. **205.** $\frac{x-1}{x+1}$. **206.** $\frac{x+2}{x+4}$.
207. $\frac{m+7x}{m-3x}$. **207*.** $\frac{(3x-4y)(3x+8y)}{3x-2y}$. —

208. $60x(x+1)^2(x-1)$. **209.** $210(x+3)(x-3)^2x^2$.
210. $60a^3(a+1)^3(a-1)$. **211.** $12a^2(a+4)^2(a+1)(a-2)$.
212. $30(m^2-2)^2(m+1)(m-1)^2m^3$. **213.** $30a^2b(a+2b)^2(5a+2b)$.
214. $30m^3a^2(3m-4a)^2(3m+4a)(m+a)$. **215.** $60n^3p^2c(n+2p)(n+3p)^2(n-2p)(5n^2+4p^2)$. **216.** $15a^2b^2c^2(a^2+bc)^2(a^2+c)^2$.
217. $420a^2b^2c^3(a+b+c)(a+b-c)(a+b)^2(a^2+b^2+c^2)$.

218. $\frac{39a-29c-15ab+45bc}{15b}$.

219. $\frac{212a-305b-164c-120ax+240bx}{120x}$.

220. $\frac{23x+131z-80xy}{80y}$. **221.** $\frac{240x^2-790x+373}{60(x-1)}$.

222. $\frac{525b-284a+120a^2-160ab}{20(3a-4b)}$. **223.** $\frac{81a^2-259ab-188b^2}{60ab}$.

224. $\frac{14a^2+112ab-51b^2}{12ab}$. 225. $\frac{194x^2-7x-12}{24x^2}$.

226. $\frac{-107x^3+442x^2+38x+8}{40x^2}$. 227. $\frac{-4x^2+3x-1}{4x^2-1}$.

228. $\frac{-151a^2-85ab+263b^2}{25a^2-36b^2}$. 229. $\frac{-24x^3+74x^2-65x-25}{15x(x-1)}$.

230. $\frac{-30m^3-3m^2r+25mr^2+4r^3}{12mr(2m-r)}$. 231. $\frac{10a^3-13a^2-6a+5}{2a(a^2-1)}$.

232. $\frac{-40^4m-76m^3p+210m^2p^2+81mp^3+54p^4}{24mp(3p-2m)(2p-m)}$.

233. $\frac{0{,}4m^3-2{,}6m^2-1{,}4m+3}{2m(2m-3)}$. 234. $\frac{24a^2-a-186}{2(a+3)(2a-5)}$.

235. $\frac{46a^3-37a^2b-244ab^2+80b^3}{(2a+5b)^2(2a-5b)}$. 236. $\frac{a^3+5a^2+2}{(a-1)^2(a+1)}$.

237. $\frac{-x^4+11x^3+15x^2-9x+8}{2x^2(x-1)^2(x+1)}$. 238. $\frac{2x^2+16x+6}{(x+4)(x-4)(x-1)}$.

Rechnen mit Potenzen.

I. und II. Addiren und Subtrahiren.

239. $1+7a+4a^2+20a^3-30a^4$. 240. $-0{,}6x^4+21x^3-12{,}4x^2-4{,}42x-9{,}6$. 241. $11x^n-18x^{n-1}+18x^p$. 242. $11\frac{7}{20}x^{-n}-\frac{1}{24}x^{-p}$. 243. $-1{,}6+\frac{15{,}5}{x}-\frac{4{,}7}{x^2}$. 244. $5{,}2a^3-11a^2-\frac{9{,}61}{a}$. 245. $-13x^2y^{-3}-28x^{-2}y^3-15x^{-2}y^{-3}-20x^2y^3$. 246. $10{,}4a^nb^p+1{,}33a^nb^{-p}-3{,}92a^{-n}b^p$. 247. $10\sqrt[4]{a^3}-\sqrt[3]{a^2}+6{,}26\sqrt[2]{a}$. 248. $6{,}9\sqrt[5]{a}+5{,}7\sqrt[5]{a^2}-0{,}2\sqrt[3]{a}$. 249. $-9x^{\frac{2}{3}}-34x^{\frac{1}{2}}$. 250. $3{,}3\sqrt[n]{x}+4{,}2\sqrt[n]{x^p}+0{,}8\sqrt[p]{x^n}-1{,}1\sqrt[p]{x}$.

III. Multipliziren.

251. $2{,}8a^5-2{,}9a^7-3{,}8a^8+0{,}5a^9+0{,}6a^{11}-5{,}6a^{13}$. 252. $4{,}8a^{10}b^4-28{,}82a^9b^6+13{,}3a^8b^8$. 253. $-0{,}02x^5y^7-0{,}21x^6y^{10}+0{,}1x^7y^{13}$.

254. $-5ab^{-7}-2a^2b^{-5}+28a^3b^{-3}-51a^4b^{-1}+57a^5b-27a^6b^3+20a^7b^5$.
255. $1{,}4a^{-5}b^9+27{,}2a^{-3}b^6-71a^{-1}b^3+127a-124a^3b^{-3}+135a^5b^{-6}-110a^7b^{-9}$. **256.** $0{,}06\frac{y^6}{x^4}-0{,}55\frac{y^3}{x^2}+1{,}11-0{,}4\frac{x^2}{y^3}+0{,}04\frac{x^4}{y^6}$.
257. $-20x^{p+q+4}y^{r+s-3}+10x^{p+q+3}y^{r+s-1}-12{,}3x^{p+q+2}y^{r+s+1}+x^{p+q+1}y^{r+s+3}+0{,}3x^{p+q}y^{r+s+5}$. **258.** $-0{,}4a^{4m}+1{,}7a^{2m}b^r-1{,}4b^{2r}+1{,}1a^{-2m}b^{3r}+1{,}4a^{-4m}b^{4r}$. **259.** $\frac{-5y^{7q}}{x^{6p}}+\frac{13y^{4q}}{x^{4p}}-\frac{1{,}5y^q}{x^{2p}}-\frac{5{,}5}{y^{2q}}-\frac{x^{2p}}{y^{5q}}$. **260.** $-1{,}6x^{4p}y^2-3{,}32x^{2p}y^r+19{,}96y^{2r-2}+1{,}9x^{-2p}y^{3r-4}-2{,}5x^{-4p}y^{4r-6}$. **261.** $0{,}4a^{\frac{1}{2}}-1{,}5a^{\frac{2}{3}}+1{,}7a^{\frac{5}{6}}-0{,}3a-2{,}7a^{\frac{7}{6}}$. **262.** $20\sqrt{a^5}-30{,}5a^3+45\sqrt{a^7}-12{,}2a^4+9{,}9\sqrt{a^9}$.
263. $1{,}4x-2{,}7\sqrt[6]{x^5}+12{,}28\sqrt[3]{x^2}+1{,}2\sqrt{x}$. **264.** $-0{,}03\sqrt{m}+1{,}61\sqrt[4]{m^3}-0{,}5m-8\sqrt[4]{m^5}+3\sqrt{m^3}$. **265.** $-0{,}8\sqrt[3]{x}+\sqrt[6]{x}-2{,}8+\frac{3}{\sqrt[6]{x}}+\frac{38{,}8}{\sqrt[3]{x}}-\frac{50}{\sqrt{x}}+\frac{20}{\sqrt[3]{x^2}}$. **266.** $-\frac{32}{\sqrt[6]{x^5}}+\frac{40}{\sqrt{x}}+\frac{2{,}8}{\sqrt[6]{x}}+4{,}5\sqrt[6]{x}-3\sqrt{x}-0{,}49\sqrt[6]{x^5}-0{,}42\sqrt[6]{x^7}$. **267.** $-\frac{50{,}25}{\sqrt[3]{a^2}}+\frac{32{,}6}{\sqrt[12]{a^{25}}}$.
268. $\sqrt{24x+22x^3-18x^5+9x^7-2x^9}$.
269. $\sqrt[3]{-\frac{4}{a^3}+\frac{0{,}2}{a^2}+\frac{2{,}22}{a}-0{,}34+0{,}6a}$. **270.** 140. **271.** $\frac{7}{20}$.
272. 0,8444.... **273.** −0,15. **274.** −0,9333....
275. −0,075. **276.** $\frac{x}{y}-\frac{y}{x}-\frac{5}{6}$. **277.** $6\frac{2}{3}\frac{a}{b}-0{,}9\frac{b}{a}-119{,}95$. **278.** $\frac{2a}{3b}-1{,}45+0{,}45\frac{b}{a}$. **279.** 9. **280.** 0.
281. 3,3.

IV. Dividiren.

282. $2x^2y^2-y+\frac{x^2}{12y^5}-\frac{1}{4xy^4}+\frac{7x^4}{12y}+\frac{x^3}{15}$. **283.** $1\frac{1}{5}-\frac{y}{x^3}+\frac{3y}{2x^5}-\frac{x^2}{y^6}+\frac{1}{2x^4y^3}+\frac{3}{2x^8y^2}$. **284.** $0{,}5\frac{r^2}{m^2}+12rm-16\frac{m^6}{r}$

$-1{,}6\frac{m^6}{r^3}+\frac{8}{r^6m}-\frac{10m^3}{r^9}$. **285.** $\frac{10}{3s^2r^3}-\frac{s^3}{r^9}+\frac{8s^6}{3}+\frac{8}{r^8}$

$-\frac{28s^2}{3r^4}+\frac{32s^5}{9r^7}-\frac{8s}{3r^5}$. **286.** $0{,}9\frac{m^p}{x}-\frac{4x^{r-1}}{5m^{p-2}}-\frac{3}{5mx^4}$

$+\frac{6}{7m^{p-1}x^{2r+1}}-\frac{3x^{2r-1}}{20m^{4p+1}}+\frac{24}{25m^{2p}x^{3r-1}}+\frac{9}{20m^{3p-5}x^{r+1}}-\frac{2}{5m^{2p+3}x^{q+r+1}}$

$-\frac{24}{m^{2p}x^{r+1}}$. **287.** $0{,}2d^{3n-v}k^{p-2}-\frac{5d^{2n}}{k^{s+2p+2}}+\frac{40d^{4n-2v}}{k^{2s+3}}$

$+0{,}7d^{3n-3v}k^{p-2s-2}-\frac{10d^{2n-v}}{k^{p-s+2}}-0{,}34d^{n+1-v}k^{p-s-1}-6{,}3\frac{d^{4n-4v}}{k^{s+1}}$.

288. $\sqrt[6]{a}-\frac{5}{4\sqrt[6]{a^5}}+\frac{7\sqrt[3]{a}}{4}+\frac{3}{4}-\frac{1}{2\sqrt[3]{a^2}}+\frac{3}{2\sqrt[6]{a}}-\frac{\sqrt{a}}{4}-\frac{1}{2\sqrt{a}}+2\sqrt[12]{a}$

$-\sqrt[3]{a^2}+\frac{5a\sqrt[3]{a^2}}{4}-\frac{3}{a\sqrt[3]{a}}$. **289.** $\frac{5b\sqrt[3]{a}\sqrt[4]{b}}{2}-\frac{10b^2\sqrt[6]{a}}{3}+4a\sqrt[3]{a^2}\sqrt[6]{b^5}$

$-\frac{15a^2\sqrt[6]{a}}{4b^2\sqrt{b}}-\frac{25}{6\sqrt[3]{a^2}\sqrt[6]{b}}+\frac{7b}{2\sqrt[3]{a^2}}-\frac{5b\sqrt[4]{b}}{3\sqrt[12]{a^7}}-\frac{5}{4}b\sqrt{b}\sqrt[3]{a^2}$. **290.** $2{,}4\sqrt[3]{\frac{m^2}{p}}$

$-\frac{3{,}2}{p}\sqrt[6]{\frac{m^5}{p}}-\frac{0{,}4}{p}\sqrt[3]{\frac{1}{m^2p^2}}+4-\frac{2}{p}\sqrt[12]{\frac{m^{10}}{p^5}}+8\sqrt[12]{\frac{1}{p^5m^6}}-\frac{12m\sqrt[3]{m}}{\sqrt[6]{p}}$

$+\frac{16}{p}\sqrt[3]{\frac{m^2}{p^2}}-4\sqrt[3]{\frac{p}{m^2}}$. **291.** $\frac{6{,}66n^2\sqrt[3]{n}}{\sqrt{c}}-\frac{0{,}5n^3}{c}+\frac{0{,}2n\sqrt[3]{n^2}}{\sqrt[6]{c^5}}$

$-\frac{0{,}4n^3}{c^2\sqrt{c}}-\frac{2{,}5}{c}+\frac{3n^3}{c^2}-\frac{0{,}7\sqrt{n}}{c}-\frac{35n\sqrt[3]{n^2}}{\sqrt{c}}+\frac{10n}{c^2\sqrt{c}}$. **292.** $4ab^2$

$-2a^4b^3+3a^7b^4$. **293.** $-6a^2b^5-9a^4b^4-120a^6b^3$. **294.** $\frac{r^3t}{4}$

$+\frac{1}{3}-\frac{1}{12r^3t}$. **295.** $\frac{r^2}{5s}+\frac{s^2}{8r}-\frac{s^5}{6r^4}$. **296.** $\frac{0{,}6y^3}{x^4}-\frac{0{,}3}{xy}$

$-\frac{0{,}15x^2}{y^5}$. **297.** $x^4+2x^3+4x^2+8x+16$. **298.** $16z^4-24z^3$

$+36z^2-54z+81$. **299.** $9x^8+3x^4+1$. **300.** $\frac{x^2}{4y^4}-\frac{2x}{y^2}+16$.

301. $\frac{8x^3}{27y^9}+\frac{2x}{3y^4}+\frac{3y}{2x}-\frac{27y^6}{8x^3}$. **302.** $x^{2p}-x^py^{2r}+y^{4r}$.

303. $\frac{1}{c^{3m}}+\frac{1}{c^{2m-1}d^{2s}}+\frac{1}{c^{m-2}d^{4s}}+\frac{c^3}{d^{6s}}$. **304.** $\frac{1}{c^{3m}}-\frac{1}{c^{2m-1}d^{2s}}+\frac{1}{c^{m-2}d^{4s}}-\frac{c^3}{d^{6s}}$. **305.** $x^{2m}-x^{2m-1}y+x^{2m-2}y^2-\cdots-xy^{2m-1}+y^{2m}$. **306.** $x^{p-1}+x^{p-2}+\cdots+x^2+x+1$. **307.** $g^{2n-1}-g^{2n-2}k+g^{2n-3}k^2-\cdots+gk^{2n-2}-k^{2n-1}$. **308.** $\frac{x^{n-1}}{(2y)^{3n-3}}+\frac{x^{n-7}}{(2y)^{3n-10}}+\frac{x^{n-13}}{(2y)^{3n-17}}+\cdots+\frac{(2y)^{4n-11}}{x^{5n-11}}+\frac{(2y)^{4n-4}}{x^{5n-5}}$. **309.** $5a^2+\frac{15b^2}{2}+\frac{95b^4}{4a^2}+\frac{427b^6}{8a^4}+\frac{2231b^8}{16a^6}$. **310.** $1{,}2ab^3-\frac{2{,}1}{a^2b}+\frac{3{,}525}{a^5b^5}-\frac{3{,}65625}{a^8b^9}$.

311. $x^2+\frac{1}{3x}+\frac{1}{9x^4}+\frac{1}{27x^7}$. **312.** $3z^3-1+\frac{2}{3z^3}-\frac{2}{9z^6}$.

313. $0{,}04a^2c^4+\frac{0{,}1c^3}{a}+\frac{0{,}25c^2}{a^4}+\frac{1{,}25c}{a^7}+\frac{3{,}125}{a^{10}}$. **314.** $\frac{1}{4m^2}-\frac{1}{9p^2}+\frac{8m^2}{81p^4}-\frac{32m^4}{729p^6}+\frac{128m^6}{6561p^8}$. **315.** $r^{2p-1}-r^{2p-2}s+r^{3p-3}s^2-r^{2p-4}s^3+\cdots+rs^{2p-2}-s^{2p-1}+\frac{2s^{2p}}{r}-\frac{2s^{2p+1}}{r^2}+\cdots$.

316. $\frac{1}{v^n}+\frac{1}{v^{3n}}-\frac{2}{v^{7n}}-\frac{2}{v^{9n}}+\frac{2}{v^{13n}}+\cdots$. **317.** $\sqrt[3]{m^2}+\sqrt[3]{m}+1$.

318. $\sqrt[4]{m^3}+\sqrt[4]{m^2s}+\sqrt[4]{ms^2}+\sqrt[4]{s^3}$. **319.** $2p\sqrt{2p}-2p\sqrt{3r}+3r\sqrt{2p}-3r\sqrt{3r}$. **320.** $16\sqrt[3]{x^4}+\frac{8}{3}\sqrt[3]{x^3y}+\frac{4}{9}\sqrt[3]{x^2y^2}+\frac{2}{27}\sqrt[3]{xy^3}+\frac{1}{81}\sqrt[3]{y^4}$. **321.** $\sqrt[3]{x^2}+\sqrt[6]{x^5}+x$. **322.** $x\sqrt{x}+x\sqrt[3]{x}+x\sqrt[6]{x}+x$.
323. $1-\sqrt{x}+x-\sqrt{x^3}+x^2-\cdots$. **324.** $1+2\sqrt{2x}+4x+4x\sqrt{2x}+8x^2+\cdots$. **325.** $1-\frac{3}{\sqrt[6]{a}}+\frac{9}{2\sqrt[3]{a}}-\frac{27}{4\sqrt{a}}+\frac{81}{8\sqrt[3]{a^2}}-\cdots$.

326. $-\frac{2}{a}-\frac{4{,}5}{\sqrt[6]{a^5}}-\frac{13{,}5}{\sqrt[3]{a^2}}-\frac{40{,}5}{\sqrt{a}}-\cdots$ oder: $-\frac{1}{2a}-\frac{1}{2a\sqrt[6]{a}}+\frac{1}{6a\sqrt[6]{a^2}}+\frac{1}{18a\sqrt[6]{a^3}}$. **327.** $\sqrt[3]{\frac{1}{c^2}}+2+2\sqrt[3]{c^2}+2\sqrt[3]{c^4}+2c^2+\cdots$

328. $2\sqrt{\frac{1}{x}}-4{,}8\sqrt[6]{x}+1{,}92\sqrt[6]{x^5}-0{,}768x\sqrt{x}+0{,}3072x^2\sqrt[6]{x}-\cdots$

V. Complexschreiben.

329. $4a^2b^3x^2(10a^2-3b^2x+4abx^2-6a^3b^2x^3)$. **330.** $5acs^3(2a^2c^3s^2-3c^2s^4+6ac^4-9a^2s)$. **331.** $2ac^2\sqrt{abc}\{2abc^2-3+4a^2b^2-5b^2c\}$.

332. *a)* $\frac{3a-4b}{\sqrt{ab}}$. *b)* $3\sqrt{\frac{x}{ab}}\{ab-2a+5b\}$. *c)* $\frac{4m}{\sqrt[3]{ab}}\{2na-3pb\}$.

d) $\sqrt[3]{\frac{b^2}{a}}\left(\frac{1}{b}\sqrt[3]{\frac{a^2}{b}}-1\right)$ oder $=\sqrt[3]{\frac{b}{a^2}}\left(\frac{a}{b}-\sqrt[3]{ab}\right)$. *e)* $\sqrt[3]{\frac{1}{ab^2}}(\sqrt[3]{a^2}-b)$ oder $\sqrt[3]{\frac{b}{a}}\left(\frac{\sqrt[3]{a^2}}{b}-1\right)$. **333.** $3p\sqrt{\frac{p}{mx}}(2m^2px-3mp^2+4x^3)$.

334. $0{,}5\sqrt{\frac{2c}{ab^3}}(a^2b^2c^3-a^3b^4+14ac-54b^3c^2)$. **335.** $5\sqrt[3]{a^2b^2c}(2bc-3a^2c^2+5ab^2-0{,}7a^3)$. **336.** $4\sqrt[3]{\frac{1}{ca^2b^5}}(3a^2b^2c^2+4ab^3-6b^4c+7a^3c^2)$.

337. $\frac{8a^2b}{3mx^2}\left(\frac{b^2}{m^2}-\frac{7ab^4}{5mx^2}+\frac{5a^2}{3x}-\frac{13b^3}{15m^2x}\right)$ oder $=\frac{8a^2b(15b^2x^2-21ab^4m+25a^2m^2x-13b^3x)}{45m^3x^4}$.

338. $\frac{5x^2y}{4z}\left(\frac{y^2}{3z^4}-\frac{3x}{7zv^3}-\frac{7x^2vy}{9z^2}+\frac{13x^3y^3}{6av^2}\right)$ oder $=\frac{5x^2y(42y^2v^3a-54xz^3a-98x^2z^2v^4ya+273x^3y^3vz^4)}{504z^5v^3a}$.

339. $\sqrt{6}+\sqrt{15}$. **340.** $4\sqrt{30}$. **341.** $(3a-3b-1)\sqrt{21}$.
342. $0{,}9\sqrt[3]{12}$. **343.** $1\frac{5}{6}\sqrt{\frac{2}{3}}$. **344.** $\frac{1}{2}\sqrt{\frac{2}{5}}$. **345.** $7\sqrt[3]{\frac{2}{3}}$.
346. $-2\sqrt{ab}$. **347.** $\left(3-a+\frac{1}{s}\right)\sqrt{\frac{x}{y}}$. **348.** $44\sqrt{2}$.
349. $4\frac{1}{6}\sqrt{3}$. **350.** $26{,}1\sqrt{10}$. **351.** $-62{,}9\sqrt[3]{2}$.
352. $18{,}25\sqrt[3]{10}$. **353.** $\left(\frac{2b}{c^2}-\frac{20a}{c^2}+\frac{5a^2b}{c^2}-\frac{2b^2}{5a^3}+\frac{c^2}{ab}-\frac{30a^2b^2}{7}\right)\sqrt{2ab}$. **354.** $\sqrt{6xy}\left\{\frac{x}{4y^3}-\frac{1}{2y}+\frac{2}{n^3y}\right\}$.
355. $\sqrt[3]{2x^2y}\left\{-0{,}5x+0{,}8-\frac{0{,}4}{z^2y}\right\}$.

---

356. $(2-3x^2)(2+3x^4-5x^8)x$. **357.** $a^3\left(\frac{b^3}{6}+a^2b^2-\frac{a^4}{12b}\right)$ $(3b^2-4a)$. **358.** $(a-0{,}3c)\left(\frac{a^4}{c^4}+\frac{10a}{c^2}-0{,}1\right)$. **359.** $a^4\left(b-\frac{3a^7}{b^2}\right)(2b^4-4a^8b^2+5a^6)$. **360.** $\left(\frac{1}{6ms^2}-\frac{s^4}{m^8}\right)\left(\frac{3m^6}{s^4}-\frac{2m^3}{s^2}-1\right)$. **361.** $\left(x-\frac{0{,}6}{x^6}\right)(2x^6+5x^3+1)$. **362.** $\left(\frac{a^2}{d}-\frac{5d^6}{a^2}\right)\left(\frac{0{,}2a^2}{d^4}-\frac{0{,}5a}{d^2}+1\right)$. **363.** $x^ry^n(3-5x^ry^2)(1+2x^{2r}y^{n+1})$. **364.** $(2-5a^mc)$ $(1+2a^{2m}c^p-3a^{4m}c^{2p-1})$. **365.** $\left(a^{n-3}-a^{n-8}b^{2r}+\frac{b^r}{a^2}\right)(a^3-b^r)$. **366.** $\frac{(a^{r+1}-a^{2r+2}b^4+b^{s-2})(1-a^{r-1}b^2)}{ab^s}$. **367.** $(6a^2-7b^3)(6a^2+7b^3+2a^3)$. **368.** $(3x^3-4y^2)(3x^3-4y^2-5y^n_j)$. **369.** $\left(\frac{3x^2}{5y}+\frac{y^2}{x}\right)\left(\frac{3x^2}{5y}+\frac{y^2}{x}-20xy\right)$. **370.** $(10m^2-0{,}1s^2)\left(10m^3-0{,}1s^2m+\frac{5}{s^3}\right)$. **371.** $(0{,}5r^3-s^4)(1{,}5r^3+3s^4-0{,}5r^3s+s^5)$. **372.** $(\frac{5}{6}+x)$ $\left\{\frac{5}{6}+x+\frac{6}{x^6}(5-6x)\right\}$. **373.** $(x+y)(x^2-xy+y^2)(x^3-y^3+1)$. **374.** $(2a-0{,}1c^2)\left(4a^2+0{,}2ac^2+0{,}01c^4-\frac{a}{c}\right)$. **375.** $\left(1+\frac{x^2}{5}\right)$ $\left(1-\frac{x^2}{5}+\frac{x^4}{25}-10x^8\right)$. **376.** $(a^p-3b^r)(a^p-3b^r+10a^2b^m)$. **377.** $(m-p^n)(p^{2n}+(m+p^n)(m-1))$. **378.** $(5m^{2n}-6s^{3r})\left(5m^{2n}-6s^{3r}+\frac{1}{m^{2n-1}s^{3r-2}}\right)$. **379.** $\left(\frac{0{,}5z^{2r}}{y^{n-2}}+\frac{0{,}3y^{n+1}}{z^{r-3}}\right)\left(\frac{0{,}25z^{4r}}{y^{2n-4}}-0{,}15z^{r+3}y^3+\frac{0{,}09y^{2n+2}}{z^{2r-6}}\right)$. **380.** $\sqrt{ax}(3a^2-4x)(4-0{,}1ax\sqrt{b})$. **381.** $m(1+6cm)\left(\frac{c\sqrt{c}}{9}-\frac{\sqrt{m}}{8}\right)$. **382.** $(3\sqrt{a}-5\sqrt{c})(3\sqrt{a}+5\sqrt{c}+1)$. **383.** $(\sqrt{x}+\sqrt{y})\left(\sqrt{x}-\sqrt{y}+\frac{1}{\sqrt{xy}}\right)$. **384.** $(10\sqrt[3]{x}-3\sqrt[3]{x^2})(10\sqrt[3]{x}+103\sqrt[3]{x^2}+30x+9x\sqrt[3]{x})$. **385.** $(1+\sqrt{3x})$

$(1+\sqrt{3x}-\sqrt{3x^3})$. **386.** $(\sqrt{z}-0{,}3)\left(\sqrt{z}-0{,}3-\frac{10}{z}\right)$.

387. $(\sqrt{x}+\sqrt{z})(x\sqrt{x}+2z\sqrt{x}-z\sqrt{z})$.

---

388. $\frac{x^3-y^4}{x^3+y^4}$. **389.** $\frac{x^2-5\sqrt{y}}{\sqrt{y}}$. **390.** $\frac{4p^6(5m^3-8p^3)}{m+2p}$.

391. $\frac{\sqrt{5m}-\sqrt{3c}}{\sqrt{5m}+\sqrt{3c}}$. **392.** $\frac{x+\sqrt{xy}+y}{\sqrt{x}+\sqrt{y}}$. **393.** $\frac{\sqrt[3]{c^2}+\sqrt[3]{cs}+\sqrt[3]{s^2}}{\sqrt[3]{c^2}-\sqrt[3]{cs}}$.

394. $\frac{1}{(1+m)(1-\sqrt{m})}$. **395.** $\frac{1+\sqrt{m}}{1+m^2}$.

---

396. $\frac{56a^3-10a^2b-101ab^2-190b^3}{30a^5}$.

397. $\frac{6x^6-13x^5y-12x^4y^2-10x^2y^4-4y^6}{24x^4y^3}$.

398. $\frac{-77xy^8+43x^2y^7-33x^3y^6+15x^4y^5-10x^5y^4+32x^6y^3-40x^9}{(5x^3-4y^3)(3x^2y^2+7y^4)}$.

399. $\frac{16x^9+24x^7+x^6+4x^5+6x^4-2x^2}{(5x^4-1)(3x^2-2)}$. **400.** $(-14x^9+21x^7$
$+6{,}18x^6-27{,}05x^4-0{,}06x^3+5x^2+6x):(7x^3-3)(0{,}1x^2-10)$.

401. $-\frac{9+7\sqrt{6}}{3}$. **402.** $\frac{-94\sqrt{10}-21\sqrt{15}+70\sqrt{5}}{60}$.

403. $\frac{20-6\sqrt{10}+2\sqrt{15}+60\sqrt{3}+12\sqrt{5}-32\sqrt{6}}{30}$.

404. $\frac{(3\sqrt{3}-2)2\sqrt{x}}{4x-9}$. **405.** $\frac{x^2+5x-4+2\sqrt{5x}(x-1)}{(4x^2-5x)(\sqrt{5x}+2)}$.

406. $\frac{22a-\sqrt{10ab}+7\sqrt{3ab}-36b}{(3\sqrt{a}-2\sqrt{3b})(2\sqrt{5a}-3\sqrt{2b})}$. **407.** $\frac{2y}{\sqrt{x+y}(\sqrt{x}+\sqrt{y})}$.

408. $-\frac{a^4p(p^2+6a^2)}{a^4-p^4}$.

409. $\frac{42m^2v^3-7mv^4+30m^3v^2-14m^4v-14m^5-24v^5}{10m^4-40v^4}$.

410. $\frac{1+41x^p+31x^{2p}-x^{3p}}{8(1-x^p)^2}$. **411.** $\frac{3-\sqrt{x}-4x+7x\sqrt{x}}{(1-x)\sqrt{x}}$.

412. $\frac{-250+20x+23x\sqrt{x}-3x^2}{2x(5+\sqrt{x})^2}$. **413.** $\frac{3a-5m-5\sqrt[3]{a^2m}-5\sqrt[3]{am^2}}{a-m}$.

414. $\frac{a^2-2a\sqrt{ac}+2ac-3c\sqrt{ac}+c^2}{a^2-c^2}$.

415. $\frac{\sqrt[3]{m}(m-s)-\sqrt[3]{m^2s^2}-\sqrt[3]{s}(m+s)}{m\sqrt[3]{s}-s\sqrt[3]{m}}$.

VI. Potenziren.

416. $16a^6b^4+40a^7b^8+25a^8b^{12}$. **417.** $4a^4b^{10}-24ab^2+\frac{36}{a^2b^6}$.

418. $0{,}008x^6y^{12}+0{,}012x^3y^5+\frac{0{,}006}{y^2}+\frac{0{,}001}{x^3y^9}$. **419.** $\frac{27a^6b^9}{64c^{12}}-\frac{27a^2b^3}{20c^4}+\frac{36c^4}{25a^2b^3}-\frac{64c^{12}}{125a^6b^9}$. **420.** $\frac{81a^{12}}{b^8}+\frac{10{,}8a^{11}}{b^2}+0{,}54a^{10}b^4+0{,}012a^9b^{10}+0{,}0001a^8b^{16}$. **421.** $\frac{16}{x^8y^{12}}-\frac{96}{x^3y^7}+\frac{216x^2}{y^2}-216x^7y^3+81x^{12}y^8$. **422.** $\frac{0{,}008y^{12}}{x^9}-\frac{0{,}48y^6}{x^5}+\frac{9{,}6}{x}-\frac{64x^3}{y^6}$. **423.** $\frac{125x^6}{y^9}-\frac{300x^5}{y^{10}}+\frac{240x^4}{y^{11}}-\frac{64x^3}{y^{12}}$. **424.** $a^2b^6-16a^4b^{10}$. **425.** $-\frac{16x^4}{y^6}+\frac{y^6}{16x^8}$. **426.** $\frac{0{,}01y^6}{x^2}-\frac{0{,}04}{x^4y^{10}}$.

427. $x^6y^4+2x^4y^6+x^2y^8-\frac{y^{12}}{x^2}$. **428.** $-\frac{m^2}{p^4}+\frac{25m^4}{p^6}+14m^4p^3-49m^6p^{10}$. **429.** $-\frac{9x^4}{y^6}+\frac{28y^2}{x^2}-\frac{16y^{10}}{x^8}$. **430.** $a^2x^{2p}y^{2r}+2abx^{p+r}y^{r+s}+b^2x^{2r}y^{2s}$. **431.** $\frac{a^3x^{3m}}{y^{3p}}-\frac{4a^2bx^{3m+2}}{y^{3p+3}}+\frac{3ab^2x^{3m+4}}{y^{3p+6}}+\frac{b^3x^{3m+6}}{y^{3p+9}}$. **432.** $64m^{3x}p^{-3y}+96m^{x-1}p^{-3y+2}+\frac{48}{m^{x+2}p^{3y-4}}+\frac{8}{m^{3x+3}p^{3y-6}}$. **433.** $x^{2m}-x^{2m+4}+2x^{2m+6}-x^{2m+8}$. **434.** $\frac{x^{2m}}{y^{2p}}-\frac{3x^{2m-4}}{y^{4p}}+\frac{x^{2m-8}}{y^{6p}}$. **435.** $94-16\sqrt{3}+10\sqrt{2}$. **436.** $39{,}2+14{,}4\sqrt{5}$. **437.** $20-2\sqrt{14}+2\sqrt{30}$. **438.** $173+20\sqrt{35}$.

439. $7\frac{13}{42}$. **440.** $1{,}05a - 1{,}94\sqrt{5ab} + 5{,}09b$. **441.** $a(4b + 3c) - \frac{1}{18m}(27b + 4c) + \sqrt{3bc}\left(4a + \frac{2}{3m}\right)$. **442.** $2ab^3c^2(ac + 2b^2)^2 + \frac{(6a^3c^2 - b^2)^2}{18a^5c^7b}$. **443.** $2x + 4x^2\sqrt{2} + x^3(4 - 2\sqrt{14}) - 4x^4\sqrt{7} + 7x^5$. **444.** $6x^3 - 12x^5\sqrt{2} - 12x^7(3\sqrt{3} - 1) + 36x^9\sqrt{6} + 162x^{11}$. **445.** $2a^3x - 24bx^3 + \frac{4x^5}{a^2}\left(c + \frac{18b^2}{a}\right) - \frac{24x^7bc}{a^5} + \frac{2c^2x^9}{a^7}$. **446.** $16a^3b^7 - 24a^2b^4 + 9ab + 16\frac{bc}{a} - \frac{12c}{a^2b^3} + \frac{4c^2}{a^5b^5}$. **447.** $3a^{p+1}b^{p-1} - 1{,}2a^{p-1}b^p\sqrt{0{,}1} + 30\sqrt{10a^{3p-4}b^{-p}} + 0{,}012a^{p-3}b^{p+1} - 6\sqrt{a^{3p-8}b^{-p+2}} + 750a^{2p-5}b^{-2p+1}$. **448.** $8\sqrt[3]{2} + \sqrt[3]{4} - 4 - 0{,}25\sqrt[3]{36} - 12\sqrt[3]{3}$.

449. $\sqrt[3]{\frac{1}{25}} + 4\sqrt[3]{25} - 18\sqrt[3]{18} - 12\sqrt[3]{12} - 76$. **450.** $a\sqrt[3]{ab^2} - 4ab^2 + 4b^3\sqrt[3]{a^2b} - \frac{0{,}04}{b^2}\sqrt[3]{9a^2b^2} + \frac{4{,}8}{ba^2}\sqrt[3]{a^2b^2} - \frac{48}{a^4}\sqrt[3]{3a^2b^2}$. **451.** $0{,}25\sqrt[3]{x^2} - 0{,}2x + 0{,}04x\sqrt[3]{x} + 0{,}4x^2 - 0{,}16x^2\sqrt[3]{x} + 0{,}16x^3\sqrt[3]{x}$. **452.** $\frac{b}{a}\sqrt[3]{ab} + 8a\sqrt[3]{a} - 6a^2b\sqrt[3]{b} + \frac{16a^3}{b^2}\sqrt[3]{ab^2} - 24a^4 + 9a^4b\sqrt[3]{a^2b}$. **453.** $16\sqrt[3]{\frac{x^2}{y^2}} - 16\sqrt[3]{\frac{x^{p+1}}{y^{r+1}}} + 4\sqrt[3]{\frac{x^{2p}}{y^{2r}}} - 0{,}09\frac{x^p}{y^r}\sqrt[3]{\frac{x^{p+2}}{y^{r-2}}}$. **454.** $19\sqrt{10} + 33\sqrt{3}$.

455. $689{,}21\sqrt{10}$. **456.** $3{,}2\sqrt{5a}(0{,}1a + 9b) - 4{,}8\sqrt{6b}(a + 10b)$. **457.** $x\sqrt{x}(1 - 3x + 6x^2 - 7x^3 + 6x^4 - 3x^5 + x^6)$. **458.** $24 + 18\sqrt[3]{9} + 18\sqrt[3]{3}$. **459.** $-5{,}36 - 0{,}36\sqrt[3]{5} + 5{,}4\sqrt[3]{0{,}2}$. **460.** $0{,}5$.

461. $\frac{8x^2}{y^2} + \frac{6}{y}\sqrt[3]{x^2} + \frac{3}{2x}\sqrt[3]{x} + \frac{y}{8x^2}$. **462.** $\frac{27x^{p+6}}{2y^r} - \frac{54x^{p+5}}{y^r}\sqrt[3]{2x^2y^2} + \frac{72x^{p+5}}{y^{r-1}}\sqrt[3]{4xy} - \frac{64x^{p+5}}{y^{r-2}}$. **463.** $\frac{0{,}008x^{p-6}}{y^r} + \frac{0{,}36\sqrt[3]{y^r}}{x^5} + \frac{5{,}4\sqrt[3]{y^{5r}}}{x^{p+4}} + \frac{27y^{3r}}{x^{2p+3}}$.

VII. Berechnung von Quadrat- und Kubikwurzeln.

A. Quadratwurzeln.

464. *a)* 73839649. *b)* 6185169. *c)* 13315201. *d)* 2142149. *e)* 261836,89. *f)* 0,17799961. *g)* 0,49224256. *h)* 1000740,1369.

i) 0,008109722916. *k)* 43265,664016. — **465**. *a)* 634. *b)* 573. *c)* 2486. *d)* 8107. *e)* 8326. *f)* 1563. *g)* 4032. *h)* 25,74. *i)* 316,5. *k)* 0,5092. *l)* 0,008004. *m)* 10,01. — **466**. *a)* 2,6457. *b)* 8,366600. *c)* 3,1622. *d)* 15,588. *e)* 18,600. *f)* 0,5611595. *g)* 0,31780. *h)* 0,27107. *i)* 0,94868. — **467**. *a)* 1,9148. *b)* 7,2608. *c)* 0,13616. *d)* 0,66666. *e)* 0,83349. *f)* 0,58333. — **468**. *a)* 0,74535. *b)* 0,65465. *c)* 0,73192. *d)* 1,2909. *e)* 2,2188. *f)* 2,7136. *g)* 7,98389. *h)* 31,78835. *i)* 6,51810. — **469**. *a)* 4,1601. *b)* 2,56. *c)* 0,54539. *d)* 1,2522. *e)* 0,10406. *f)* 0,004370. *g)* 0,0074633. — **470**. 220,0277. **471**. 0,2199. **472**. 1,2167. **473**. 1,6898. **474**. 1,924950. **475**. 0,65153. **476**. 69,996. **477**. −5,130495. **478**. 0,74980. **479**. 4,43649. **480**. *a)* 1,7782. *b)* 2,4447. — **481**. 0,086430. **482**. −8,3276. **483**. $a+2b+3c$. **484**. $2a^3-3a^5b^2+4b^4$. **485**. $3-2x+5x^2$. **486**. $\frac{x^7}{2}-\frac{x^5}{3}-\frac{2x^3}{5}+x$. **487**. $0,5m^2p^3-0,2m^3p^2-4m^4p$. **488**. $2z^3-0,2z-\frac{0,3}{z}+\frac{1,2}{z^3}$. **489**. $\frac{m^2}{2s^3}-\frac{2s}{m^3}+\frac{2s^5}{3m^8}$. **490**. $\frac{0,2m}{\sqrt{c}}+\frac{0,3\sqrt{c}}{m}-\frac{c\sqrt{c}}{m^3}$. **491**. $3\sqrt{\frac{a}{b}}-\frac{2}{3}\sqrt{\frac{b}{a}}-\frac{b\sqrt{b}}{5a\sqrt{a}}$. **492**. $0,1a^mc^r-10a^{2m}c^{r+1}+0,2a^{3m}c^{r+2}$. **493**. $0,3x^r-\frac{0,2}{x^{r-1}}+\frac{5}{x^{3r-2}}$. **494**. $\frac{0,4m^p}{\sqrt{c^3}}-\frac{3\sqrt{c}}{m}-\frac{0,9\sqrt{c^5}}{m^{p+2}}$. **495**. *a)* $1+\frac{z}{2}-\frac{z^2}{8}+\frac{z^3}{16}-\frac{5z^4}{128}$. *b)* 1,0954. *c)* 1,0049875621. — **496**. *a)* $1-\frac{z}{2}-\frac{z^2}{8}-\frac{z^3}{16}-\frac{5z^4}{128}$. *b)* 0,942809. *c)* 0,999499874937. — **497**. *a)* $1+\frac{z}{2}+\frac{3z^2}{8}+\frac{5z^3}{16}+\frac{35z^4}{128}$. *b)* 1,00402416. — **498**. *a)* $1-\frac{z}{2}+\frac{3z^2}{8}-\frac{5z^3}{16}+\frac{35z^4}{128}$. *b)* 0,99014754. — **499**. *a)* $\sqrt{a}+\frac{b}{2\sqrt{a}}-\frac{b^2}{8\sqrt{a^3}}+\frac{b^3}{16\sqrt{a^5}}-\frac{5b^4}{128\sqrt{a^7}}$. *b)* 3,31662479. — **500**. *a)* $\sqrt{a}-\frac{b}{2\sqrt{a}}-\frac{b^2}{8\sqrt{a^3}}-\frac{b^3}{16\sqrt{a^5}}-\frac{5b^4}{128\sqrt{a^7}}$. *b)* 99,99499987. — **501**. $1-x+x^2-x^3-\frac{3x^4}{2}$.

502. $1-x+3x^2-7x^3+19x^4$. **503.** $4{,}4721\sqrt{z}\left\{1+\frac{z^2}{2}+\frac{3z^4}{8}+\frac{5z^6}{16}+\frac{35z^8}{128}\right\}$. **504.** $\sqrt{z}\left\{\frac{5}{z}-\frac{12{,}8}{z^2}+\frac{37{,}916}{z^3}-\frac{113{,}53504}{z^4}\right\}$. **505.** $5z-\frac{1{,}6}{z}-\frac{0{,}256}{z^3}-\frac{0{,}08192}{z^5}$. **506.** $\sqrt{\frac{a}{b}}\left\{1+\frac{b^2}{a^3}+\frac{b^4}{a^6}+\frac{b^6}{a^9}+\cdots\right\}$. **507.** $a^n-\frac{a^2b^{n-2}}{2}+\frac{3b^{2n-4}}{8a^{n-4}}+\frac{3b^{3n-6}}{16a^{2n-6}}$. **508.** $\sqrt{m^p}\left\{\frac{1}{v^q}-\frac{v^{2q}}{2m^{3p}}-\frac{v^{5q}}{8m^{6p}}-\frac{v^{8q}}{16m^{9p}}\right\}$.

B. Kubikwurzeln.

509. *a)* 144455204223. *b)* 908445494125. *c)* 99317,171591. *d)* 329080651264. *e)* 0,000373403541601. *f)* 1,004506753375. — **510.** *a)* 4572. *b)* 2315. *c)* 56,08. *d)* 0,7067. *e)* 1,0401. *f)* 70,05. *g)* 0,09003. — **511.** *a)* 10,792. *b)* 5,0093. *c)* 2,3251. *d)* 4,5788. *e)* 0,92832. *f)* 0,36840. *g)* 4,397000. *h)* 0,208008. — **512.** *a)* 5,8490. *b)* 0,636260. *c)* 1,33333. *d)* 0,390234. — **513.** *a)* 0,89390. *b)* 0,42529. *c)* 0,77871. *d)* 0,35422. *e)* 1,2114. — **514.** 3,1748. **515.** 11,05208. **516.** 1,2937. **517.** 0,52879. **518.** 4,4867. **519.** 0,43327. **520.** 3,5456. **521.** 0,2792. **522.** 0,2434. **523.** 3,448. **524.** 0,5874. **525.** 1,19580. **526.** *a)* 1,4677. *b)* 0,81818. **527.** $a+2b-3c$. **528.** $1-\frac{x}{2}+2x^2$. **529.** $0{,}2m-0{,}1m^3-3m^5$. **530.** *a)* $1+\frac{z}{3}-\frac{z^2}{9}+\frac{5z^3}{81}$. *b)* 1,062. **531.** *a)* $1-\frac{z}{3}+\frac{2z^2}{9}-\frac{14z^3}{81}+\cdots$. *b)* 0,96872. **532.** *a)* $1+\frac{z}{3}+\frac{2z^2}{9}+\frac{14z^3}{81}$. *b)* 1,077. **533.** *a)* $a+\frac{b}{3a^2}-\frac{b^2}{9a^5}+\frac{5b^3}{81a^8}-\cdots$. *b)* 8,8790. **534.** $1-\frac{z}{3}+\frac{5z^2}{9}+\frac{31z^3}{81}+\frac{122z^4}{243}\cdots$. **535.** $\sqrt[3]{\frac{z}{x}}\left\{1-\frac{x^3}{3z^2}+\frac{2x^6}{9z^4}+\frac{13x^9}{81z^6}+\cdots\right\}$. **536.** *a)* $1+\frac{z}{6}-\frac{5z^2}{72}+\frac{55z^3}{1296}-\cdots$ *b)* 1,001659.

537. *a)* $a + \frac{b}{6a^5} - \frac{5b^2}{72a^{11}} + \frac{55b^3}{1296a^{17}}$. *b)* 2,8172. **538.** *a)* $1 - \frac{z}{6} + \frac{7z^2}{72} - \frac{91z^3}{1296} + \cdots$ *b)* 0,98259. **539.** *a)* $1 + \frac{z}{9} - \frac{4z^2}{81} + \frac{68z^3}{2187} - \cdots$ *b)* 1,0106. **540.** *a)* $1 + \frac{z}{9} + \frac{5z^2}{81} + \frac{95z^3}{2187}$. *b)* 1,01177.

VIII. Logarithmen.

541. *a)* $\log P = 5{,}6271052$; $P = 423745{,}5$. *b)* $\log P = 0{,}7836670 - 3$; $P = 0{,}006076689$. *c)* $\log P = 1{,}8283838$; $P = 67{,}35716$. *d)* $\log P = 0{,}9378827$; $P = 8{,}667278$.

542. *a)* $\log Q = 1{,}1972249$; $Q = 15{,}74798$. *b)* $\log Q = 0{,}8144341 - 1$; $Q = 0{,}6522800$. *c)* $\log Q = 0{,}3680104 - 3$; $Q = 0{,}002333513$. *d)* $\log Q = 1{,}1186679$; $Q = 13{,}142193$. *e)* $\log Q = 0{,}7922853$; $Q = 6{,}198481$. *f)* $\log Q = 4{,}1002962$; $Q = 12597{,}84$. *g)* $\log Q = 0{,}8992263 - 6$; $Q = \frac{7{,}929143}{10^6}$.

543. *a)* $\log Q = 4{,}7786889$; $Q = 60074{,}31$. *b)* $\log Q = 0{,}2332032$; $Q = 1{,}710815$. *c)* $\log Q = 0{,}7492290 - 3$; $Q = 0{,}005613437$. *d)* $\log Q = 0{,}2934951 - 2$; $Q = 0{,}01965600$.

544. *a)* $\log D = 5{,}0284418$; $D = 106768{,}1$. *b)* $\log D = 2{,}2146000$; $D = 163{,}9079$. *c)* $\log D = 0{,}9389182 - 1$; $D = 0{,}8687968$. *d)* $\log D = 0{,}941\cdots - 13$; $D = \frac{8{,}74\ldots}{10^{13}}$. *e)* $\log D = 0{,}944\cdots - 2$; $D = 0{,}0880\ldots$. *f)* $\log D = 0{,}132276$; $D = 1{,}356052$. *g)* $\log D = 1{,}5842902$; $D = 38{,}39637$.

545. *a)* $\log Q = 0{,}5490428 - 4$; $Q = 0{,}0003540322$. *b)* $\log P = 0{,}5065555 - 9$; $P = \frac{3{,}210373}{10^9}$. *c)* $\log P = 4{,}8730662$; $P = 74656{,}26$.

546. *a)* $\log R = 1{,}0347878$; $R = 10{,}83397$. *b)* $\log R = 0{,}9580160 - 1$; $R = 0{,}9078540$. *c)* $\log R = 0{,}6014890 - 1$; $R = 0{,}3994744$. *d)* $\log R = 0{,}7831221 - 1$; $R = 0{,}6069069$. *e)* $\log R = 0{,}7085060 - 1$; $R = 0{,}5111001$.

547. *a)* $\log P = 3{,}8718358$; $P = 7444{,}505$. *b)* $\log Q = 0{,}5303816 - 3$; $Q = 0{,}003391420$. *c)* $\log P = 0{,}7440531 - 1$; $P = 0{,}5546935$.

548. *a)* $\log S = 0{,}0372069 - 1$; $S = 0{,}1089449$. *b)* $\log S = 2{,}9773588$; $S = 949{,}2024$. *c)* $\log S = 0{,}797345 - 3$; $S = 0{,}00627112$. *d)* $\log S = 0{,}9513416 - 1$; $S = 0{,}8940083$. *e)* $\log(-S) = 0{,}2404161$; $S = -1{,}739466$. *f)* $\log(-S) = 0{,}352603 - 1$; $S = -0{,}225218$. *g)* $\log S = 0{,}1981045$; $S = 1{,}577991$. *h)* $\log(-S) = 0{,}3047520 - 2$; $S = -0{,}02017214$.

In den Gleichungen **549.** bis **574.** ist zu setzen $x =$

549. 1,18699. **550.** 0,7207216. **551.** 2,6473. **552.** 0,019448.
553. −0,40250. **554.** −0,99446. **555.** −0,22456.
556. −0,029686. **557.** 1,7701. **558.** 24,343.
559. 22,41725. **560.** −0,27938. **561.** 0,373654.
562. −0,306587. **563.** 0,414018. **564.** −1,0747.
565. 1,532180. **566.** −1,227537. **567.** −1,0486.
568. 0,523377. **569.** 0,1467799. **570.** 1,0122582.
571. $\frac{3{,}32785}{10^6}$. **572.** 10,71001. **573.** 0,004014652.
574. 0,063160.

575. *a)* 2,3025850930. *b)* 0,2963940. *c)* −0,9525398. *d)* −5,557710. *e)* 3,652630. *f)* −0,3361722. *g)* 2,521274. *h)* 1,433381.

Gleichungen.

1. *a)* $20\frac{2}{3}\frac{9}{6}x = 14$. *b)* $8{,}133\ldots x = 9{,}5 - 4\frac{5}{12}a + 2\frac{1}{6}b$. *c)* $-\frac{3}{8}x = 13$. *d)* $ax = 5m - ab + 3(a - b)$. *e)* $-664 = 255x$. *f)* $-9x^3 + 57{,}9x^2 + 22{,}2x = 23{,}6$. *g)* $3 = 112x^4 + 6{,}4x^3 + 20x^2 + 26{,}4x$. *h)* $12abm + 7ab + 26a^2 - 4b^2 = (36ab + 2b - 6a)x$. *i)* $x(1 + b - a) = 5a^2 - ab + 4b^2 + 2a$. *k)* $x\left\{\frac{5am}{a+b} - \frac{a^2}{(a+b)^2}\right\} = \frac{5mb}{a-b} - \frac{ab}{a^2-b^2}$ oder:

$$x\frac{5am(a+b) - a^2}{(a+b)^2} = \frac{5bm(a+b) - ab}{a^2 - b^2}.$$

x = **2.** 4. **3.** 1. **4.** $2\frac{1}{2}$. **5.** $4\frac{187}{347}$. **6.** $\frac{0}{0}$ d. h. x wird durch die gegebene Gleichung nicht bestimmt, die Gleichung ist eine unbedingte. **7.** 120. **8.** 24. **9.** $\frac{8}{13}$. **10.** 0,1. **11.** −3. **12.** 9,6. **13.** 1,185. **14.** −0,05. **15.** 10. **16.** 5,9308. **17.** 24. **18.** −0,6. **19.** $-3\frac{37}{62}$. **20.** −4,088. **21.** 46. **22.** $7\frac{1}{3}$. **23.** $-\frac{1}{23}$. **24.** $-\frac{1}{270}$. **25.** 2. **26.** $-8\frac{16}{23}$. **27.** 0,2. **28.** 1,25. **29.** 0. **30.** 1,4493. **31.** −0,37 .... **32.** $-\frac{1}{5}$. **33.** $\frac{c}{a}$. **34.** $\frac{s}{r+q}$. **35.** $\frac{m+1}{m-1}$. **36.** $\frac{a^2+2b}{c-d}$. **37.** $\frac{m-2}{m+3}$. **38.** $(m+p)^2$. **39.** Gl. nur zu erfüllen, wenn $5b^2 = a^2$ ist, und dann für jeden Werth von x. **40.** $-\frac{4m}{p}$. **41.***) *a)* $\frac{b(a+b)}{a(a-b)}$. *b)* $\frac{b(b-a)}{a(b+a)}$. **42.** *a)* $\frac{ab}{b-c}$. *b)* $\frac{ab}{b+c}$. **43.** *a)* $\frac{p+4r}{m-q}$. *b)* $\frac{p+4r}{m+q}$. *c)* $\frac{m-p}{4r-q}$. **44.** $1\frac{3}{5}$. **45.** 0,0387. **46.** 0 und $\frac{6}{7}$. **47.** −2. **48.** $\frac{105}{584}$. **49.** $-\frac{6}{7}$. **50.** $-7\frac{1}{9}$. **51.** 0,3194. **52.** $\frac{b}{a}$. **53.** 3. **54.** 0,3555 .... **55.** $\frac{1}{5}$. **56.** 8. **57.** −1,781481. **58.** $\frac{4}{9}$. **59.** 0 und $\frac{61}{70}$. **60.** −0,45901. **61.** $5\frac{14}{23}$. **62.** 1,751. **63.** 0,16. **64.** 1,888[illegible]. **65.** 0 und $\frac{3}{8}$. **66.** 0 und 0,3. **67.** 0 und $-2\frac{22}{27}$. **68.** 0 und −2. **69.** 6. **70.** 5. **71.** 8. **72.** 0 und 1. **73.** 0,25. **74.** 0 und 56. **75.** 2. **76.** 0 und $\frac{80}{121}$. **77.** $\frac{1}{6}$. **78.** 0 und $\frac{5}{24}$. **79.** 0 und $\frac{8m^4}{(1-m^3)^2}$. **80.** 1,2. **81.** 0 und 4,8. **82.** $2\frac{11}{32}$. **83.** 0 und $\frac{4(1-b)}{a}$. **84.** $\frac{1-a}{8}$. **85.** $\frac{2}{3}$. **86.** $\frac{ab}{a-b}$. **87.** 0,6b. **88.** $\frac{2a^3+3a^2b+10ab^2+b^3}{-4a^2+15ab+8b^2}$. **89.** 3. **90.** $\frac{1}{3}$. **91.** 2. **92.** −0,12. **93.** 3. **94.** $\frac{b^2-ab+1}{a(a-b)}$. **95.** $a(a+b)$. **96.** $2\frac{7}{9}$. **97.** $10\frac{34}{45}$.

---

*) Vgl. Gleichung Nr. **1**. *k*.

98. 8. **99.** $\frac{3c}{b}$. **100.** $-\frac{a}{3}+0{,}20833$. **101.** $\frac{c^2}{36pm^2}$.

102. ± 1. **103.** $\pm 2{,}581988$. **104.** 1,4422. **105.** 1,3005.

106. $-0{,}41997$. **107.** ± 2. **108.** $\pm 1{,}4142$. **109.** $\pm \frac{b-a}{\sqrt{2b-a}}$.

110. $\pm 0{,}97980a$. **111.** $\pm b\sqrt{\frac{a}{2b-a}}$. **112.** $\pm \frac{b-a}{2b}\sqrt{\frac{a}{b}}$.

113. $\pm\sqrt{\frac{a^2-c}{a^2-b^2}}$. **114.** 2.

	115.	**116.**	**117.**	**118.**	**119.**	**120.**	**121.**	**122.**	**123.**
x =	10	$\frac{s+d}{2}$	3	$2\frac{2}{3}$	12	6	-8	$\frac{1}{2}$	$-\frac{2}{3}$
y =	4.	$\frac{s-d}{2}$.	2.	$7\frac{2}{3}$.	10.	5.	6.	$-2\frac{2}{3}$.	$-\frac{3}{4}$.

	124.	**125.**	**126.**	**127.**	**128.**
x =	4	-1	0,5	2,1	0,12
y =	6	2,4	$-0{,}2$	0,7	$-1{,}2$

129. $x = \frac{b''c'-b'c''}{a'b''-b'a''}$; $y = \frac{a'c''-c'a''}{a'b''-b'a''}$.

130. *a)* $x = \frac{a(r-sb^2)}{a^2-b^2}$; $y = \frac{b(sa^2-r)}{a^2-b^2}$.
b) $x = y = \frac{ab}{a+b}$. — **131.** $x = \frac{a(m+nb^2)}{1+a^2b^2}$; $y = \frac{b(a^2m-n)}{1+a^2b^2}$.

	132.	**133.**	**134.**	**135.**	**136.**	**137.**	**138.**	**139.**
x =	5	$\frac{1}{15}$	3	2	6	$1\frac{34}{533}$	$\frac{3}{17}$	0,2688
y =	3.	$\frac{37}{180}$.	$\frac{1}{2}$.	0,4.	7.	$-1\frac{70}{123}$.	$\frac{3}{119}$.	$-0{,}2332$.

	140.	**141.** *a)*	*b)*	**142.** *a)*	*b)*	**143.**	**144.**
x =	0,2206	11,81	12	0,3996	0,4	6	1
y =	0,01398	5,904.	6.	0,2006.	0,2.	5.	2.

	145.		**146.**	**147.**
x =	$\frac{1}{38}$ u.	$\frac{1}{58}$	4	12
y =	0	$\frac{1}{29}$.	5.	11.

148. $x = \frac{a}{b(a+b)}$; $y = \frac{b}{a(a+b)}$.

149. $x = \frac{c^2(a^2+b^2)}{2(a^2+\sqrt{a^4-b^4})}$; $y = \frac{c^2(a^2-b^2)}{2(a^2+\sqrt{a^4-b^4})}$.

150. $x = \dfrac{\left(b - \dfrac{a}{2}\right)(s^2 - d^2) + s(b - 2a) + d(b + 2a)}{3s - 5d}$;

$y = \dfrac{2(2b - a) + s(b - 2a) + d(b + 2a)}{3s - 5d}$.

151. $x = \dfrac{6bc}{3b^2 - 5a^2}$; $y = \dfrac{2ac}{3b^2 - 5a^2}$.

	152.	**153.**	**154.**	**155.**	**156.**	**157.**
$x =$	3	2	12	$\frac{1}{2}$	0,1	$(mA + pB + qC):N$; $A \equiv a^2 - bc$
$y =$	5	3	15	$\frac{1}{3}$	0,5	$(mB + pC + qA):N$; $B \equiv b^2 - ac$
$z =$	7.	4.	16.	1.	0,8.	$(mC + pA + qB):N$; $C \equiv c^2 - ab$
						$N \equiv aA + bB + cC$.

	158.	**159.**	**160.**	**161.**	**162.**	**163.**
$x =$	10	0,1	$6ab(m + bp):N$	5	0,2	1
$y =$	9	0,3	$(m + bp)(3b - 4a^2):N$	10	0,4	0,1
$z =$	8.	0,5.	$(9b^2m - 9abp + 4a^2p):N$	3.	4.	0,01.
			$N \equiv 9ab - 4a^3 + 9b^3$.			

	164.	**165.**	**166.**	**167.**	**168.**
$x =$	$2a$	$\frac{a+b}{ab}$	9	$\frac{sa}{N}$	$\frac{tb^2c^2}{N}$
$y =$	$3b$	$\frac{a-b}{ab}$	15	$\frac{sb}{N}$	$\frac{ta^2c^2}{N}$
$z =$	$\frac{a}{b}$.	$\frac{a}{b^2}$.	27.	$\frac{sc}{N}$	$\frac{ta^2b^2}{N}$
				$N \equiv ma + nb + rc$.	$N \equiv mb^2c^2 + na^2c^2 - ra^2b^2$.

	169.	**170.**	**171.**	**172.**	**173.**	**174.**			**175.**
$x =$	40	4	10	3	$\frac{1}{2}$	1		0,5675	$\frac{1}{3}$
$y =$	20	5	11	0,3	$\frac{1}{3}$	0,3	u.	0,2675	$\frac{1}{4}$
$z =$	10.	$7\frac{1}{2}$.	$1\frac{1}{5}$.	30.	$\frac{1}{4}$.	0,7.		0,2675.	$\frac{1}{5}$.

	176.	**177.**	**178.**
$x =$	$[(a + b + c)p - br - cq]:2a$	$as:N$	$[c^2 - (a^2 + b^2)]^2:N$
$y =$	$[(a + b + c)q - ar - cp]:2b$	$bs:N$	$[a^2 + (b - c)^2]^2:N$
$z =$	$[(a + b + c)r - aq - bp]:2c$.	$cs:N$	$[a^2 - (c - b)^2]^2:N$
		$N \equiv am + bn$.	$N \equiv 4(c - b)^2$.

	179.	**180.**	**181.**	**182.**	**183.**
$x =$	4 u. $\frac{40}{9}$	$2bc$	5	2	$0{,}2$
$y =$	± 3 u. ± 1	$2ac$	6	3	$0{,}3$
$z =$	4 u. $0.$	$2ab.$	7	10	$0{,}4$
			$v = 3.$	$12.$	$0{,}6.$

	184.	**185.**	**186.**
$x =$	$[(ct-dr)bd+(cm-bq)ac]:N$	$\frac{1}{2}$	6
$y =$	$[(aq-dt)ac+(ar-bm)d^2]:N$	$\frac{2}{3}$	5
$z =$	$[(aq-dt)b^2+(ar-bm)ac]:N$	$\frac{1}{4}$	4
$v =$	$[(ct-dr)ac+(cm-bq)bd]:N$	$\frac{1}{5}.$	$0{,}3$
	$N \equiv a^2c^2-b^2d^2.$		$w = 0{,}2.$

$x =$ **187.** 4 u. $-7.$ **188.** -3 u. $-5.$ **189.** $+\frac{3}{2}$ u. $+\frac{1}{2}.$
190. $1\frac{1}{3}$ u. $-1\frac{1}{2}.$ **191.** $-1\frac{1}{2}$ u. $-\frac{2}{3}.$ **192.** $0{,}5$ u. $0{,}3.$
193. 20 u. $-\frac{7}{3}.$ **194.** $1{,}1400$ u. $-6{,}1400.$ **195.** $1{,}1374$ u. $-2{,}637.$
196. $+1{,}1513$ u. $-0{,}6513.$ **197.** $1{,}7071$ u. $0{,}2928.$
198. $-0{,}6339$ u. $-2{,}3660.$ **199.** 6 u. $4.$ **200.** $\frac{1}{2}$ u. $\frac{1}{3}.$
201. 4 u. $\frac{2}{3}.$ **202.** 3 u. $-1\frac{5}{13}.$ **203.** 0 u. 1 u. $-1\frac{17}{18}.$
204. $-7\frac{1}{2}$ u. $+\frac{1}{3}.$ **205.** 12 u. $-\frac{1}{40}.$ **206.** 10 u. $-\frac{5}{14}.$
207. $0{,}5$ u. $-\frac{4}{43}.$ **208.** $+2$ u. $+\frac{1}{3}$ u. $0.$ **209.** 3 u. $1\frac{5}{11}.$

210. $\frac{-(a+b)\pm\sqrt{a^2+b^2}}{2}.$ **211.** $\frac{-(a+b)^2\pm\sqrt{(a+b)^4-8ab^2(a+b)}}{4b}.$

212. $\frac{cm}{c+m}$ u. $\frac{cm}{c-m}.$ **213.** $\frac{b^2+a^2}{b\pm a}.$ **214.** 9 u. $-22\frac{1}{4}.$
215. 20 u. $-10\frac{1}{3}.$ **216.** $2{,}531128a$ u. $-5{,}531128a.$ **217.** 9 u. $5\frac{4}{9}.$
218. 16 u. $1\frac{7}{9}.$ **219.** $1{,}416$ u. $-13{,}416$ u. 2 u. $-14.$

220. 0 u. $\frac{1}{4}$ u. $4.$ **221.** $\frac{-b\pm\sqrt{(3m^2\mp 2m\sqrt{2m^2+c})a+b^2}}{a}.$

222. ± 10 u. $\pm 16{,}583.$ **223.** 4 u. $2{,}0800.$ **224.** ± 27 u. $24{,}782i.$

225. $\left(\frac{-b\pm\sqrt{ac+b^2}}{a}\right)^{2n}.$ **226.** $\sqrt[n]{-0{,}6}$ u. $\sqrt[n]{2}.$ **227.** $-0{,}04285$
$\pm 1{,}0946i$ u. $+1{,}2$ u. $-1.$ **228.** $\frac{1}{2}$ u. $\frac{1}{3}$ u. $0{,}0649$ u. $2{,}5649.$
229. $1{,}4571$ u. $0{,}25$ u. $0{,}0428$ u. $2{,}25.$ **230.** $a\pm\sqrt{b^2-a^2}$
u. $-a\pm i\sqrt{b^2+a^2}.$ **231.** $25{,}35$ u. $6{,}25$ u. $4{,}143$ u. $0{,}25.$

	232.	233.	234.	235.
$x =$	6 u. $-2\frac{56}{71}$	4 u. $-3\frac{1}{3}$	8,67090 u. 1,18622	1 u. -5
$y =$	5 u. $-2\frac{23}{71}$.	5 u. -6.	1,33545 u. $-2{,}40689$.	2 u. -10.

	236.	237.	238.	239.	240.
$x =$	2 u. $-4{,}8$	2 u. $\frac{1}{3}$	10 u. 8	$\frac{1}{3}$ u. $-\frac{1}{12}$	± 6
$y =$	2 u. 8,8.	$\frac{1}{2}$ u. 3.	8 u. $5\frac{1}{8}$.	$\frac{1}{2}$ u. $+\frac{1}{12}$.	± 7.

	241.	242.	243.	244.
$x =$	$\pm\frac{1}{2}$ u. $\pm 0{,}4472i$	2 u. $-2\frac{1}{15}$	± 5 u. $\pm 3i$	$\pm 0{,}1$
$y =$	$\pm\frac{2}{3}$ u. $\mp 0{,}7453i$.	1 u. $-\frac{47}{75}$.	± 3 u. $\mp 5i$.	± 10.

	245.	246.	247.	248.	249.	250.
$x =$	± 4	$\pm\frac{1}{4}$	± 6 u. $\pm 6i$	$\pm\frac{1}{8}$	$\frac{1}{2}$ u. $\frac{1}{3}$	0,3 u. $-0{,}2$
$y =$	± 3.	$\pm\frac{1}{9}$.	± 4 u. $\mp 4i$.	$\pm\frac{1}{4}$.	$\frac{1}{3}$ u. $\frac{1}{2}$.	0,2 u. $-0{,}3$.

	251.	252.	253.	254.
$x =$	9 u. 36	7 u. 17	$\frac{(a+b)^3(a-b)}{4ab}$	$\pm 0{,}3$
$y =$	16 u. 4.	3 u. -27.	$\frac{(a-b)^3(a+b)}{4ab}$.	$\pm 0{,}1$.

	255.	256.	257.
$x =$	1 u. $-\frac{1}{2}$ u. $-0{,}25 \pm 0{,}6614i$	± 5 u. ± 4	0,3 u. 0,5
$y =$	$\frac{1}{2}$ u. -1 u. $+0{,}25 \pm 0{,}6614i$.	± 4 u. ± 5.	0,5 u. 0,3.

	258.	259.	260.	261.
$x =$	$b \pm \sqrt{a^2-b^2}$	1 u. 2	9 u. 4 u. 2,6180 u. 0,3820	± 2 u. $\pm i$
$y =$	$-b \pm \sqrt{a^2-b^2}$.	2 u. 1.	4 u. 9 u. 0,3820 u. 2,6180.	± 1 u. $\pm 2i$.

	262.	263.
$x =$	3 u. -2 u. $0{,}5 \pm 2{,}7838i$	1 u. $\frac{1}{2}$ u. $0{,}75 \pm 1{,}0897i$
$y =$	2 u. -3 u. $-0{,}5 \pm 2{,}7838i$.	$\frac{1}{2}$ u. 1 u. $0{,}75 \mp 1{,}0897i$.

	264.	265.	266.
$x =$	$\frac{1}{2}$ u. $-\frac{1}{3}$	1 u. 3 u. $-0{,}6972$ u. $-4{,}3027$	$(c \pm d):2$
$y =$	$\frac{1}{3}$ u. $-\frac{1}{2}$.	3 u. 1 u. $-4{,}3027$ u. $-0{,}6972$.	$(c \mp d):2$.

	267.	268.	269.
$x =$	0,8 u. $-0{,}3$ u. $\pm 0{,}1i$	± 1 u. $\pm 0{,}5i$	0 u. 3 u. 15
$y =$	0,3 u. $-0{,}8$ u. $\pm 0{,}1i$.	$\pm 0{,}5$ u. $\pm i$.	0 u. 2 u. -10.

	270.	271.	272.	273.
$x =$	2	6 u. $-6\frac{1}{2}$	10 u. 4	$+2$ u. -12 u. 0 u. 0
$y =$	5.	2 u. $-\frac{1}{2}$.	4 u. 10.	$+1$ u. -1 u. $+3$ u. $+2$.

274.

$$\begin{cases} x = \pm 12 \text{ u. } \pm 5 \text{ u. } \pm 13{,}7941 \text{ u. } \pm 2{,}3923 \\ y = \pm 5 \text{ u. } \pm 12 \text{ u. } \pm 2{,}3923 \text{ u. } \pm 13{,}7941. \end{cases}$$

275.

$$\pm 1 \text{ u. } \pm 8 \qquad \pm 8 \text{ u. } \pm 1.$$

276.

$$\begin{cases} x = 1{,}7210m \text{ u. } -0{,}4611m \\ y = 0{,}4611m \text{ u. } -1{,}7210m. \end{cases}$$

277.

$$\begin{cases} x = \pm 3 \\ y = \pm 2 \\ z = \pm 1. \end{cases}$$

278.

$$\pm\sqrt{\frac{(s-b)(s-c)}{s-a}} \qquad \pm\sqrt{\frac{(s-a)(s-c)}{s-b}} \qquad \pm\sqrt{\frac{(s-a)(s-b)}{s-c}}$$

$$s \equiv \frac{a+b+c}{2}.$$

279.

$$\tfrac{1}{2}\{R \pm \sqrt{R^2-4c^2}\} \qquad \tfrac{1}{2}\{R \mp \sqrt{R^2-4c^2}\} \qquad R-b$$

$$R \equiv \frac{b \pm \sqrt{2a^2+4c^2-b^2}}{2}.$$

280.

$$\begin{cases} x = 3 \text{ oder } 5 \text{ u. } 2 \pm 3{,}3166i \\ y = 4 \qquad\qquad 8 \\ z = 5 \text{ oder } 3 \text{ u. } 2 \mp 3{,}3166i. \end{cases}$$

281.

$$\pm 3 \text{ u. } \pm 2 \qquad \pm 2 \text{ u. } \pm 3 \qquad \pm 4 \text{ u. } \pm 4.$$

282.

$$\pm aR \qquad \pm bR \qquad \pm \frac{b^2}{a} R$$

$$R \equiv \sqrt{\frac{a}{a \pm 2b}}.$$

283.

$$\begin{cases} x = \tfrac{1}{2}(a \pm \sqrt{a^2-2b^2+2m^2}) \\ y = \tfrac{1}{2}(b \pm \sqrt{2m^2-b^2}) \\ z = \dfrac{b \mp \sqrt{2m^2-b^2}}{a \pm \sqrt{a^2-2b^2+2m^2}}. \end{cases}$$

284.

6 u. 5

4 u. 6

5 u. 4.

285.

$$\begin{cases} x = \dfrac{s}{2} W'' \text{ u. } \dfrac{s}{2} W' \\ y = \dfrac{s}{4}(R' \mp W') \text{ u. } \dfrac{s}{4}(R'' \mp W'') \\ z = \dfrac{s}{4}(R' \pm W') \text{ u. } \dfrac{s}{4}(R'' \pm W'') \end{cases}$$

$$R'^2 \equiv 5a+5b-3+2\sqrt{a+b};\ W' \equiv 1+\sqrt{a+b}$$

$$R''^2 \equiv 5a+5b-3-2\sqrt{a+b};\ W'' \equiv 1-\sqrt{a+b}.$$

286.

$$(b+c):N \qquad (a+c):N \qquad (a+b):N$$

$$N \equiv \pm 2\sqrt{a+b+c}.$$

FSC
www.fsc.org
MIX
Papier | Fördert gute Waldnutzung
FSC® C083411

Zeitfracht Medien GmbH
Ferdinand-Jühlke-Straße 7
99095 Erfurt, Deutschland
produktsicherheit@kolibri360.de